Gesellschaftsfische im Aquarium

Alles rund um Artenauswahl und Aquariengestaltung

CADMOS

Copyright © 2008
by Cadmos Verlag, Brunsbek

Titel der Originalausgabe:
Community fishes
Satz: Nadine Hoenow
Titelgestaltung:
Ravenstein + Partner, Verden
Übersetzung: Maren Müller
Lektorat: Anneke Bosse
Druck: agensketterl Druckerei, Mauerbach

Printed in Austria

ISBN 987-3-86127-081-2

AUTOR

Peter Hiscock hielt schon als Kind Fische.
Dieses Interesse wurde von seinen Eltern
geweckt – beides ausgebildete Meeresbio-
logen. Mit nur 17 Jahren übernahm er die
Geschäftsführung eines Aquaristikgeschäfts;
auch sein späteres Studium am Sparsholt
College im britischen Hampshire widmete er
den Fischen. Er schrieb zunächst für Aqua-
ristik-Fachzeitschriften und ist Autor mehrerer
Bücher.

Weiteres Material wurde von Nick Fletcher,
Derek Lambert, Pat Lambert, Dick Mills, Gina
Sandford und Stuart Thraves zur Verfügung
gestellt.

Unten: Die 5 Zentimeter lange Fünfgürtelbarbe
(Puntius pentazona) ist eine ausgezeichnete
Wahl für nicht allzu kleine Gesellschaftsbecken.

Inhalt

Natürliche Lebensräume

In der Natur kommen Fische in nahezu allen Gewässersystemen vor. Die in der Hobby-Aquaristik beliebten tropischen Süßwasserfische stammen aus vielen verschiedenen Gebieten auf dem ganzen Erdball. Jedes dieser Gebiete bietet wiederum unterschiedliche Lebensräume, die auf ihre Weise einzigartig sind und sich zudem im Laufe der Jahreszeiten drastisch verändern können.

Tropische Süßwasserfische haben sich an das Leben mit solchen Veränderungen angepasst, was sie zu idealen Aquarienfischen macht. Das heißt nicht etwa, dass sie schlechte Bedingungen tolerieren, sondern lediglich, dass sie Veränderungen besser verkraften.

▲ *Kardinalfische leben in schnell fließendem Gewässer.*

Gebirgsbäche sind kühle und schnell fließende Gewässer. Sie sind Lebensraum von Fischen mit stromlinienförmigem Körper und kurzen Flossen, die auch gegen stärkste Strömungen ankommen. Viele sind Algenfresser, die ihr Futter von den Felsen abweiden.

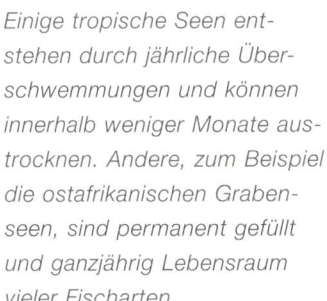

▲ *Ostafrikanische Buntbarsche*

Einige tropische Seen entstehen durch jährliche Überschwemmungen und können innerhalb weniger Monate austrocknen. Andere, zum Beispiel die ostafrikanischen Grabenseen, sind permanent gefüllt und ganzjährig Lebensraum vieler Fischarten.

▶ *Rotkopfsalmler (Hemigrammus bleheri) leben in dicht bewachsenen Tropenflüssen.*

Ein Tropenfluss fließt oft durch dichte Regenwälder, die reichlich Nahrung, darunter Früchte und Samen, bereithalten. In der Regenzeit tritt der Fluss über die Ufer und überschwemmt das umliegende Land.

Sobald sich einige Nebenflüsse mit dem Hauptfluss vereint haben, wird dieser zu einer ausgedehnten Wasserfläche, die größere Fische und andere Tiere ernähren kann. Je nach geografischer Lage beheimatet das Zentrum des Flusses Barben, Buntbarsche, Welse und Karpfenarten, die bis zu 1 Meter lang werden.

▲ Die großen Saugmaulwelse (Hypostomus spec.) sind an schnell fließende Flüsse angepasst.

Die Größe der Sümpfe im tropischen Flachland schwankt mit Überflutungsphasen und Trockenperioden. Das seichte Wasser mit üppiger Vegetation ist Heimat vieler Fischarten, die an düstere Gewässer mit wenig Sauerstoff angepasst sind. Viele am Boden lebende Welse und Schmerlen verlassen sich auf Tast- und Geruchssinn, um ihre Beute zu orten.

◀ Mosaik–fadenfische (Trichogaster leeri) lieben dicht bepflanzte Becken.

◀ Der Schützenfisch (Toxotes jaculatrix) ist ein Brackwasserfisch.

*

Mit der Zeit erodieren Flüsse ihr Umland und verlagern den Lauf. Zurück bleiben Wasserlachen, aus denen Tümpel, Seen oder Lagunen entstehen können.

Wenn der Fluss das Meer erreicht, vermischt er sich mit Salzwasser – eine Brackwasserzone entsteht. Brackwasserfische kommen mit der schwankenden Salzkonzentration gut zurecht. In vielen Tropengebieten gedeihen Mangrovenwälder im Brackwasser.

Wie Fische leben

Es ist hilfreich, sich als Aquarienliebhaber mit den Bezeichnungen für Flossen und weitere Körperteile vertraut zu machen. Betrachtet man einen Fisch, so geben seine Körperform, die Lage der Flossen und die Größe von Maul und Barteln (falls vorhanden) oft auf den ersten Blick Aufschluss darüber, in welcher Wasserregion der Fisch lebt, ob er träge oder aktiv ist, was er frisst und was nicht – ja, sogar ob er sich als Ergänzung im Gesellschaftsaquarium eignet oder ob er alles andere darin fressen wird!

KARPFENFISCHE (BARBEN UND BÄRBLINGE)

Karpfenfische wie dieser Bärbling sind stromlinienförmig, was schnelle Bewegungen ermöglicht. Sie brauchen freie Flächen im Aquarium.

Schwanzflosse

Rückenflosse

Seitenlinie

Nasenöffnung

Kiemen — sie liegen unter dem Kiemendeckel (Operculum).

Brustflossen (paarig)

Bauchflossen (paarig)

Afterflosse

HARNISCHWELSE

▲ Wie andere Harnischwelse hat auch die Gattung Hypostomus harte Flossenstrahlen; der Körper wird durch drei Längsreihen von Knochenplatten geschützt. Beim Umgang mit diesen Fischen ist Vorsicht geboten, da sie sich im Netz verfangen können. Versuchen Sie nicht, den Fisch aus dem Netz zu ziehen, sondern lassen Sie ihn sich selbst befreien oder zerschneiden Sie das Netz vorsichtig.

* Die Flossenstrahlen einiger Welse haben Haken. Sie dienen zum Festhalten an Gegenständen und sind wirksame Verteidigungsinstrumente.

OBERFLÄCHENFISCHE

▲ Der flache Rücken und das nach oben gerichtete Maul des Goldenen Streifenhechtlings (Aplocheilus lineatus) kennzeichnen Fische, die an der Wasseroberfläche leben und fressen.

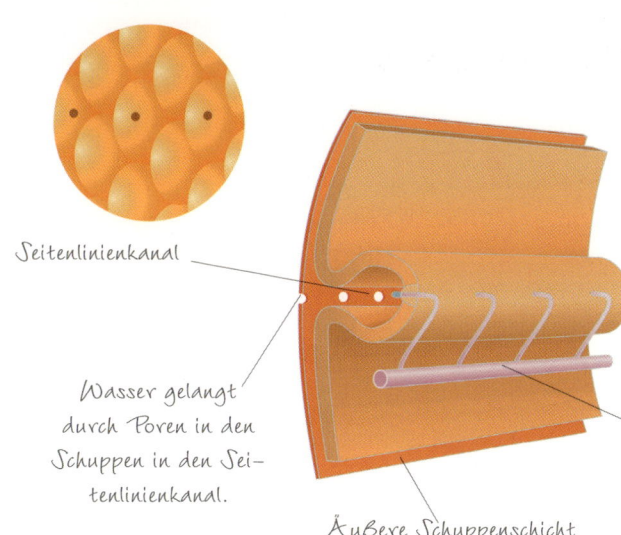

Seitenlinienkanal

◀ Die Porenreihe, die vom Kopf bis zur Schwanzflosse entlang der Flanken eines Fisches verläuft, führt in die Seitenlinie, ein Sinnesorgan, das auf Druckwellen reagiert. So nehmen Fische Objekte in ihrer Nähe wahr.

Wasser gelangt durch Poren in den Schuppen in den Seitenlinienkanal.

Nervenfaser — überträgt Impulse an das Rückenmark und von dort an das Gehirn.

Äußere Schuppenschicht

EINZELN, PAARWEISE ODER IN GRUPPEN?

Manche Fische sollte man nicht zusammen mit Artgenossen halten – entweder, weil sie untereinander aggressiv sind oder weil sie Reviere bilden und der Platz nur für einen Fisch ausreicht. Lässt sich das Geschlecht bestimmen, ist der Kauf eines Pärchens ratsam. Ist die Bestimmung schwierig, kauft man einfach mindestens zwei. Schwarmfische sollten auch im Schwarm gehalten werden, nicht nur, weil es hübsch aussieht, sondern auch, weil es ihrer Natur entspricht.

▲ Wie alle Salmler sind Rote Phantomsalmler (Megalamphodus sweglesi) Schwarmfische, die sich allein nicht wohlfühlen.

▼ Der weibliche Schmetterlings-buntbarsch (Microgeophagus ramirezi) ist kleiner als das Männchen (unten).

LICHT UND DUNKELHEIT

Nachts fallen Fische in eine Art Schlaf, der lebensnotwendig ist. Beleuchten Sie das Aquarium zehn bis zwölf Stunden pro Tag und sorgen Sie dafür, dass im Raum noch Licht ist, wenn die Beckenbeleuchtung an- und ausgeht, um abrupte Veränderungen der Lichtverhältnisse zu vermeiden. Eine Zeitschaltuhr ermöglicht einen geregelten Tag-Nacht-Zyklus.

Fischgesellschaften

Aquarienanfänger neigen dazu, „ein bisschen von allem" in ihr erstes Becken zu setzen. Diese erste Fischauswahl nennt man für gewöhnlich „Gesellschaft". Sofern sie sorgfältig ausgewählt wurden, vertragen solche Gesellschaftsfische ähnliche Bedingungen und sind entweder von Natur aus friedlich oder begegnen einander mit gesunder Ignoranz. Die Bezeichnung ist jedoch nicht ganz wörtlich zu nehmen, denn nicht alle Gesellschaftsfische leben problemlos zusammen. Beispielsweise kann ein Fisch, der gern langflossige Arten annagt, dennoch zu den Gesellschaftsfischen zählen, weil er sich sehr gut mit kurzflossigen Fischen vergesellschaften lässt. Ruhigere Fische bevorzugen ein ruhiges Umfeld und können in Stress geraten, wenn man sie mit sehr aktiven Arten zusammen hält, und dennoch kann man beide als Gesellschaftsfische bezeichnen. Achten Sie also immer auf die speziellen Bedürfnisse der Fische, die Sie vergesellschaften wollen.

WASSERREGIONEN

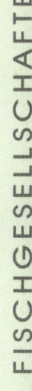

NÜTZLICHE HELFER

Viele Fische haben Eigenschaften, die im Aquarium von Nutzen sein können. Gründelnde Fische stöbern herum und lösen dabei Partikel, die dann vom Filter abgesaugt werden können. Andere Arten ernähren sich von Algen oder Pflanzenresten. Solche Fische helfen, das Aquarium sauber zu halten.

Fische in allen Regionen tragen zu einem attraktiven und ausgeglichenen Gesellschaftsaquarium bei.

Oben

Viele Oberflächenfische fressen, was auf dem Wasser schwimmt. In Freiheit sind das Insekten, Früchte und Samen. Einige sind gute Springer, deshalb muss die Beckenabdeckung fest schließen.

Der Beilbauch ist ein Oberflächenfisch.

Mitte

Die mittlere Region beheimatet aktive Schwarmfische (zum Beispiel viele Salmler), die die freien Flächen nutzen, aber auch trägere, ruhig schwimmende Arten wie Skalare und Fadenfische.

Dreilinienbärblinge bevorzugen die mittlere Beckenregion.

Unten

Bodenfische sind eine weitere charakteristische Gruppe. Viele sind nachtaktiv und verstecken sich tagsüber zwischen Pflanzen und Felsen. Dazu gehören viele Welse und Schmerlen.

Panzerwels

Verträglichkeit

Aquarienanfänger sind oft überrascht, dass ihre Fische sehr individuelle Eigenschaften haben und äußerst unterschiedliches Verhalten zeigen. Innerhalb der engen Grenzen des Aquariums können Konflikte zwischen Arten mit unterschiedlichem Sozialverhalten den Fischen Stress bereiten und eine unliebsame Störung der Gesellschaft darstellen. Bei Auswahl und Kauf sollten Sie unbedingt berücksichtigen, welche Fischarten sich vertragen. Wenn Sie wissen, warum es zwischen manchen Arten Konflikte gibt, erleichtert Ihnen dies die Zusammenstellung einer friedlichen Fischgesellschaft.

WAS KENNZEICHNET EINEN GESELLSCHAFTSFISCH?

Als Gesellschaftsfische werden alle Arten bezeichnet, die von Natur aus nicht besonders aggressiv oder territorial sind, was nicht unbedingt bedeutet, dass sie sich mit jedem Fisch vertragen. Vielmehr ist ein Gesellschaftsfisch einfach ein Fisch, der problemlos mit passenden Arten vergesellschaftet werden kann. Um herauszufinden, welche Arten sich mit einem bestimmten Gesellschaftsfisch vertragen, müssen Sie ein wenig über dessen Eigenschaften in Erfahrung bringen.

Am wichtigsten sind: Größe, Anzahl der Artgenossen, Laichverhalten, Aktivitätsgrad, Männchen/Weibchen-Verhältnis und Territorialverhalten.

▲ *In einem gut durchdachten Aquarium leben die Fische harmonisch miteinander.*

GRÖSSE

Obwohl nur wenige Fische ausschließlich Räuber sind, nutzen doch die meisten die Gelegenheit, kleine Fische zu fressen, wenn sie leicht zu fangen sind und sich in der Nähe aufhalten. Falls möglich, ergreifen einige Fische diese Gelegenheit nachts, wenn das Opfer sich im Ruhezustand befindet. Für kleinere Fische besteht nicht nur die Gefahr, gefressen zu werden; die Anwesenheit viel größerer Arten bereitet ihnen zudem Stress und sie bekommen möglicherweise auch weniger Futter ab. Fragen Sie vor dem Kauf eines Fisches immer nach dessen endgültiger Größe und nehmen Sie Abstand von Fischen, die doppelt so groß sind wie Ihre kleinsten Fische.

Der Jaguarwels frisst kleinere Fische.

ANZAHL

Einige Fische leben in Schwärmen, andere sind lieber allein. Hält man nicht die richtige Anzahl einer Fischart, können die Tiere ihr normales Verhalten verändern und unberechenbar werden. Hält man Schwarmfische in zu geringer Anzahl, können diese ängstlich, scheu und kränklich werden oder sich zu aggressiven, hektischen Unruhestiftern entwickeln. Fische, die von Natur aus Einzelgänger sind, ignorieren Artgenossen entweder oder sie werden territorial, das heißt, der dominante Fisch mobbt ständig die Schwächeren. Schwarmfische müssen in Gruppen, in der Regel mindestens sechs oder mehr, gehalten werden. Einzelgängern sollte man nur dann weitere Artgenossen zugesellen, wenn bekannt ist, dass sie auch zu mehreren gehalten werden können. Am besten vermeidet man die gemeinsame Haltung sehr nahe verwandter Arten.

▲ Den bekannten Feuerschwanz-Fransenlipper (Epalzeorhynchos bicolor) hält man am besten einzeln. In kleinen Gruppen wird ein Individuum zum dominanten Tyrannen.

▼ Ein männlicher Buntbarsch (Aequidens rivulatus) stimuliert ein Weibchen mit dem Maul zum Ablaichen. Diese Fische verteidigen ihre Eier aggressiv.

LAICHVERHALTEN

Laicht ein Fischpaar, kann sich sein Verhalten drastisch verändern. Am häufigsten geschieht dies bei Buntbarscharten, die im Allgemeinen sehr gute Eltern sind und ihre Laichplätze, die Eier und die Brut aggressiv verteidigen. Behalten Sie immer im Auge, ob ihre Fische bald laichen könnten. Falls die Eltern ihre Brut verteidigen, sorgen Sie für ausreichend Platz im Aquarium und setzen Sie nur robuste Fische dazu, die mit jeglichen Verhaltensänderungen ihrer Beckengenossen zurechtkommen.

Verträglichkeit

Fische können träge und ruhig sein, aber auch flink und temperamentvoll. Ihr Verhalten lässt sich häufig mit den vorherrschenden Bedingungen im jeweiligen natürlichen Lebensraum erklären. Denken Sie daran, dass im begrenzten Raum eines Aquariums ruhige Fische von temperamentvollen Arten belästigt werden, eventuell bei der Fütterung zu kurz kommen oder von anderen Fischen angerempelt und verletzt werden. Unter solchen Umständen können die ruhigeren Fische in Stress geraten und krank werden, sich zurückziehen oder wegen Nahrungsmangels verkümmern. Aktive Fische, die nicht größer als 5 bis 7 Zentimeter werden, kann man normalerweise mit allen Fischen vergesellschaften, da sie zu klein sind, um Schaden zu verursachen. Größere aktive Fische sollten allerdings nur mit Arten ähnlicher Natur gehalten werden.

▲ *Fische mit ähnlichem Naturell sind normalerweise gute Beckengenossen.*

VERHÄLTNIS ZWISCHEN MÄNNCHEN UND WEIBCHEN

Bei vielen Arten, sogar solchen, die als friedliche Gesellschaftsfische gelten, versuchen die Männchen innerhalb ihrer Art oder Gruppe zu dominieren. Dies geschieht, weil ein dominantes Männchen mit höherer Wahrscheinlichkeit gute Laichgründe sichern kann und seinen Nachkommen gute Gene vererbt – das steigert seine Attraktivität für Weibchen. Nicht nur Dominanz verursacht Probleme. Schwierigkeiten bereiten auch manche Männchen, die Weibchen andauernd mit Paarungsversuchen belästigen. Finden Sie beim Kauf jedes Fisches heraus, ob er solche Neigungen hat, und versuchen Sie eine geeignete Mischung von Männchen und Weibchen zu erwerben. Um Belästigungen zu vermeiden, entscheidet man sich entweder für ein Geschlecht oder kauft zwei Weibchen pro Männchen. Zur Vermeidung von Dominanzproblemen kauft man nur ein Männchen und mehrere Weibchen oder eine Gruppe von mehr als vier Männchen, sodass es für den Einzelnen schwierig ist, dominant zu werden.

▼ *Hält man ein Schwertträgermännchen (links) mit zwei oder drei Weibchen, sind diese vor Belästigungen sicher.*

AGGRESSIVE EINZELGÄNGER

Während sich das Verhalten der meisten Fische aufgrund allgemeiner Erfahrungen und aner-
kannter Beobachtungen voraussagen lässt, hat man nicht selten einen aggressiven Einzelgänger,
der sich abweichend verhält. In solchen Fällen lässt sich das Verhalten des Fisches abschwä-
chen, indem man eigens dafür ausgewählte Fische dazusetzt, die groß und robust genug sind,
um eine Bedrohung darzustellen, aber auch friedlich genug, um andere Fische nicht zu gefähr-
den. Für diesen Zweck eignen sich viele friedliche Barben- und Regenbogenfischarten. Häufig
beruhigt sich der aggressive Fisch, sobald diese anderen Fische im Becken sind. Sofern es
keine anderen Konflikte gibt, hilft es manchmal auch, dem aggressiven Einzelgänger mehr Artgenossen hinzuzugesellen. Der aggressive Fisch sieht sich dann zu vielen arteigenen Konkurrenten
gegenüber und wird sein unsoziales Verhalten dementsprechend verringern.

◀ *Das Hinzusetzen einer friedlichen Art wie diesem Lake Te-
bera Regenbogenfisch (Melanotaenia herbertaxelrodi) kann
aggressive Fische beruhigen.*

LISTEN FÜHREN

Wenn Sie Fische bei einem guten
Händler kaufen, steht Ihnen dort
fachkundiges Personal zur Verfügung, das Sie bei der Auswahl zueinander passender Fische beraten
kann. Eine Auflistung aller Fischarten
in Ihrem Aquarium erleichtert dem
Händler die Empfehlung geeigneter
Arten. Eine solche Liste liefert Ihnen
auch Argumente für die Rückgabe
eines Fisches, falls dieser sich als
Störenfried entpuppt, obwohl der
Händler ihn für Ihre Fischgesellschaft
empfohlen hat.

TERRITORIALVERHALTEN

Einige Fischarten sind von Natur aus territorial
und aggressiv. Die schlimmsten „Missetäter" sollte
man nicht zu den normalen Gesellschaftsfischen
zählen, auch wenn sie mit den passenden Beckengenossen in einer auf sie zugeschnittenen
Fischgesellschaft gehalten werden können. Falls
Sie vorhaben, Fische aggressiver Natur in Ihr
Aquarium zu setzen, sollten Sie sich so gut wie
möglich informieren und die Beckengenossen
sehr sorgfältig auswählen.

▶ *Zwergfadenfischmännchen sind normalerweise friedlich. Trotzdem können sie
sich vereinzelt als aggressive oder übellau-
nige Störenfriede entpuppen.*

Wasserqualität

In einem Gesellschaftsaquarium ist es unmöglich, für jeden Fisch genau die Wasserqualität bereitzustellen, die er in der Natur vorfände. Sie sollten sich jedoch mit den Grundlagen der Wasserchemie vertraut machen, um die Bedürfnisse der Fische zu verstehen. Abhängig von Ihrem Wohnort enthält das Leitungswasser Mineralien in unterschiedlichen Anteilen und ist dadurch entweder sauer, neutral oder alkalisch sowie hart oder weich. Ein Aquaristikgeschäft in Ihrer Nähe gewöhnt die Fische an die örtlichen Wasserwerte, sodass Sie diese in Ihrem Aquarium halten können. Einige Fischarten brauchen jedoch bestimmte Wasserwerte und sind deshalb als Hart- oder Weichwasserfische gekennzeichnet. Für die Haltung dieser spezialisierteren Arten benötigen Sie von Ihrem Händler möglicherweise zusätzliche Informationen.

pH-WERT

Der pH-Wert gibt an, ob das Wasser sauer, neutral oder alkalisch ist. Die Skala reicht von 0 bis 14, wobei 0 stark sauer und 14 stark alkalisch bedeutet. Der Neutralpunkt ist pH 7. Die pH-Skala ist logarithmisch, das heißt mit jeder Einheit verändert sich der Säuregehalt um das Zehnfache; pH 6 ist demnach zehnmal so sauer wie pH 7 und hundertmal so sauer wie pH 8.

WASSERHÄRTE

Die Wasserhärte ist ein Maß für die Menge der im Wasser gelösten Salze. Das sind hauptsächlich Magnesium- und Kalziumkarbonat sowie Magnesium- und Kalziumsulfat. Wasser mit hoher Salzkonzentration wird als hart, Wasser mit niedriger Salzkonzentration als weich bezeichnet. In der Natur hängen pH-Wert und Wasserhärte meistens voneinander ab, das heißt Wasser mit niedrigem pH-Wert ist weich und Wasser mit hohem pH-Wert hart.

Azurcichlide (Sciaenochromis ahli) aus dem Malawisee.

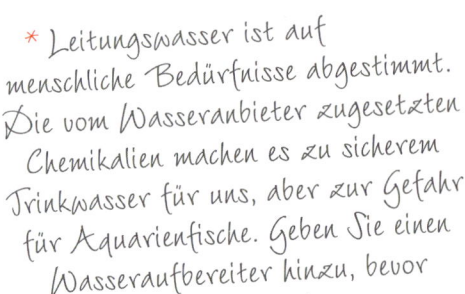

Diskusfisch aus dem Amazonas.

▲ Der natürliche Lebensraum von Aquarienfischen kann sich im pH-Wert ihrer heimischen Gewässer deutlich unterscheiden. Malawisee-Buntbarsche (oben) leben zum Beispiel in hartem, sehr alkalischem Wasser (pH 8 bis 8,5), während Diskusfische (oben rechts) aus Gebieten mit weichem, saurem Wasser (pH 6) stammen. Es überrascht nicht, dass diese beiden Fischarten niemals in demselben Aquarium gedeihen können.

* Leitungswasser ist auf menschliche Bedürfnisse abgestimmt. Die vom Wasseranbieter zugesetzten Chemikalien machen es zu sicherem Trinkwasser für uns, aber zur Gefahr für Aquarienfische. Geben Sie einen Wasseraufbereiter hinzu, bevor Sie es verwenden.

WASSER SAUBER HALTEN

Fische scheiden Abfallstoffe ins Aquarium aus, was zur Entstehung von Ammoniak und Nitriten führt, die für Fische giftig sind. Ein Filter baut Ammoniak und Nitrit ab, indem er einen geeigneten Lebensraum für Bakterien schafft, die von diesen Giften leben und sich vermehren, was jedoch einige Zeit dauern kann. Die Zahl der im Filter lebenden Bakterien wächst nur mit steigender Konzentration der Abfallstoffe im Aquarium, weshalb Sie für einen langsamen und stetigen Anstieg dieser Abfallstoffkonzentration sorgen müssen. Man erreicht das, indem man das Becken nur nach und nach mit Fischen besetzt und darauf achtet, sie nicht zu überfüttern.

* Verwenden Sie immer Testsets der gleichen Marke, um vergleichbare Ergebnisse zu erhalten.

▲ Die einzige Möglichkeit, den Ammoniak- und Nitritgehalt zu überprüfen, besteht darin, das Wasser im Becken regelmäßig zu untersuchen. Ein neues Becken müssen Sie in den ersten Wochen mindestens zweimal wöchentlich auf Ammoniak und Nitrit überprüfen. Reduzieren Sie die Futtermenge, wenn sich einer dieser Schadstoffe nachweisen lässt.

WASSERTEMPERATUR

Temperaturschwankungen im Wasser können das Leben im Aquarium stark beeinträchtigen. Die meisten tropischen Fische kann man bei 24 bis 26 Grad Celsius halten – informieren Sie sich trotzdem immer über die Bedürfnisse der Fische, die Sie kaufen. Bei einem Wasserwechsel müssen Sie dafür sorgen, dass der Temperaturunterschied zwischen dem frischen Wasser und dem Wasser im Aquarium höchstens wenige Grad beträgt. Sie können das Wasser auch langsam über einen längeren Zeitraum hinzugeben. Nicht nur Fische leiden unter Temperaturschwankungen, auch Filterbakterien können abgetötet werden, was erhöhte Schadstoffkonzentrationen zur Folge hat.

* Bei höheren Temperaturen reduziert sich der Sauerstoffgehalt. Im Sommer begrüßen Fische eventuell eine zusätzliche Sauerstoffzufuhr.

▲ Goldene und grüne Segelkärpflinge (Poecilia velifera) und Black Mollys (P. sphenops) kommen sowohl in Süß- als auch in Brackwasser vor, obwohl den meisten Zuchtformen Brackwasser besser bekommt. Geben Sie etwas Aquariensalz ins Becken, um ihre Gesundheit und Farbe zu erhalten.

WASSERQUALITÄT

Aquarien gestalten

Eine Skizze der gewünschten Draufsicht und seitlichen Ansicht hilft Ihnen bei der Planung Ihres Aquariums. Bedenken Sie in dieser Phase die Bedürfnisse der Fische: Würden diese eine bizarre Höhle, eine dicht bepflanzte Fläche, Schwimmpflanzen oder Verstecke mögen? Wenn Sie die Fische zum Laichen anregen wollen, sollten Sie Materialien einplanen, die sich als Laichplätze eignen. Labyrinthfische, wie zum Beispiel Guramis, brauchen zahlreiche kleine Schwimmpflanzen, feinblättrige Arten wie Cabomba und eine stille Oberfläche, an der sie ein Schaumnest bauen können. Zwergbuntbarsche, beispielsweise Purpurprachtbarsche, mögen Höhlen oder kleine, flache Steine und klar abgegrenzte Reviere.

▲ Bevor Sie mit der Gestaltung Ihres Aquariums beginnen, sollten Sie das angestrebte Bild skizzieren. Behalten Sie dabei die Bedürfnisse der Fische ebenso im Auge wie das spätere Gesamtbild.

◀ Natürlicher Bodengrund ist selten gleichmäßig und eben, sondern eher wellenförmig und voller Steinchen, Holzstücke und organischer Abfälle. Die Aquarienlandschaft wirkt natürlicher, wenn man Splitt, Kiesel und Holzstückchen auf dem eigentlichen Bodengrund verstreut.

STEINE IM AQUARIUM

Richten Sie sich bei der Auswahl der Steine nach dem Stil des Aquariums, das Sie einrichten und den Fischen, die Sie halten wollen. Große, unregelmäßig geformte Schieferplatten eignen sich beispielsweise zur Nachbildung eines Gebirgsbaches. Hier fühlen sich Fische wie Zebrabärblinge und Kardinalfische wohl, die schnell fließende Gewässer mögen. Ein Becken für Malawisee-Buntbarsche sollten Sie mit glatten, rundlichen Flusskieseln oder größeren Steinen einrichten. Wenn Sie lieber leichteres Material verwenden, können Sie mit Lava- und Tuffsteinen, die sich gut stapeln lassen, ganze Felslandschaften aufbauen.

▲ Lavagestein ist sehr leicht und eignet sich hervorragend zum Bau von Felslandschaften. Suchen Sie geeignete Stücke aus und kleben Sie diese mit Aquarienkleber zusammen.

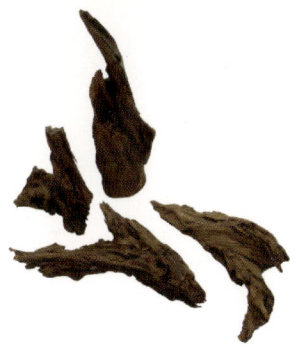

DEKORATION PLATZIEREN

Schaffen Sie den Fischen abwechslungsreichen Lebensraum, indem Sie für reichlich Verstecke und Unterschlüpfe, aber auch für ausreichend freie Schwimmflächen sorgen. Dekoration und/oder dichte Bepflanzung am Rand und im hinteren Bereich des Aquariums bieten nicht nur Versteckmöglichkeiten, sondern kaschieren auch die Geräte und erlauben eine freie Schwimmfläche im Zentrum.

▲ Moorkienholzstücke geben Struktur und grenzen bepflanzte Flächen voneinander ab.

◄ Schwimmpflanzen wie Salvinia natans spenden willkommenen Schatten und bieten den Fischen Deckung.

PFLANZEN GRUPPIEREN

Jede Pflanzenart hat ihren Platz im Aquarium. Im Hintergrund wirken Pflanzen mit höheren Stängeln und großblättrige Arten gut, während sich kleinere Pflanzen für den Mittelgrund und niedrig wachsende Arten für den Vordergrund eignen. Was genau eine Vorder- oder Hintergrundpflanze ausmacht, ist jedoch nicht festgelegt, und häufig ist es besser, die Bereiche etwas ineinander übergehen zu lassen. Es kann wirkungsvoller sein, anstelle vieler verschiedener Arten eine begrenzte Anzahl von Arten in größeren Gruppen zu pflanzen.

▲ Pellia (Monosolenium tenerum), eine kleinblättrige, farnartige Pflanze, kauft man aufgebunden auf Steine. Fische durchstöbern gern das Blattwerk dieser Vordergrundpflanze.

◄ Größere Echinodorus-Arten eignen sich hervorragend für die Hintergrundbepflanzung geräumiger Becken. Die Pflanze ist pflegeleicht, wenn ihr nährstoffreicher Boden, Eisendünger und viel Licht zur Verfügung stehen.

▲ C. walkeri ist eine leicht erhältliche Mittelgrundpflanze. Oftmals ist sie am hübschesten, wenn sie sich ausgebreitet hat und zu einer dichten Gruppe geworden ist. Hier bildet sie einen schönen Kontrast zum Bambus.

Aquarien einrichten

Die Einrichtung eines Aquariums soll am Beispiel eines Beckens mit der Standardgröße von 60 mal 30 mal 38 Zentimetern gezeigt werden. Trotz der geringen Größe fasst ein solches Aquarium genügend Wasser, um plötzliche Schwankungen von Wasserbedingungen wie Temperatur und pH-Wert, die Stress für die Fische bedeuten würden, zu vermeiden. Im Allgemeinen gilt: Es ist eine gute Investition, das größte Aquarium zu kaufen, das Sie sich leisten und unterbringen können. Es bietet nicht nur Platz für mehr Fische, sondern auch das Milieu ist umso stabiler, je mehr Wasser ein Becken enthält.

EIN GEEIGNETER PLATZ

Eine ruhige Ecke in einer Nische eignet sich gut als Standort für das Aquarium.

Im Flur kann es zugig sein, außerdem stört häufiges Vorbeigehen die Fische.

Das ist ein guter Platz — vorausgesetzt, er ist so groß, dass man noch zur Wartung ans Becken kommt.

An dieser Stelle ist ein Becken weit genug von der Tür entfernt.

Direkt neben der Tür ist ein Becken Lärm und Erschütterungen ausgesetzt.

Ein Aquarium gehört nicht in die Küche — Kochdämpfe können den Fischen schaden.

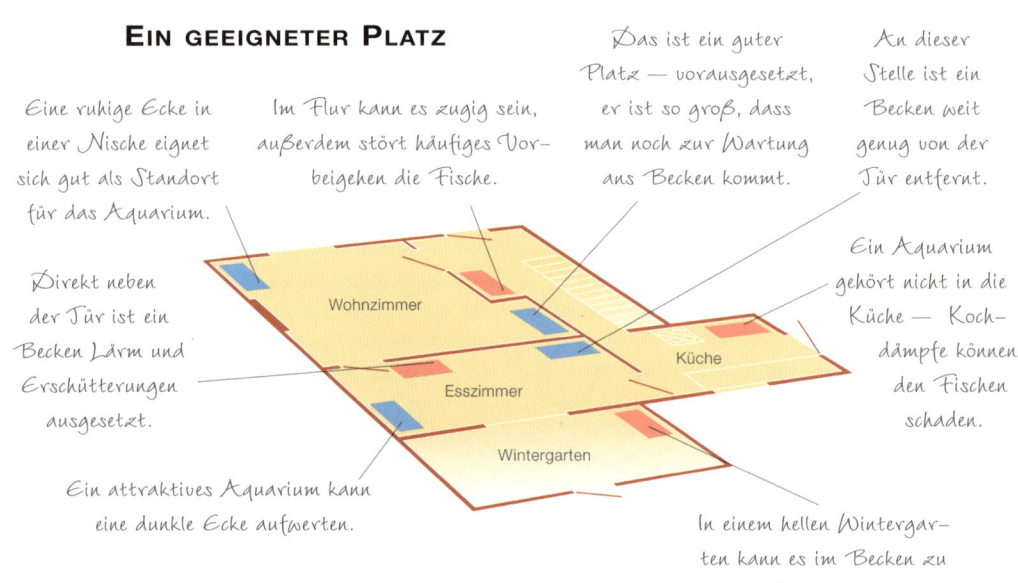

Ein attraktives Aquarium kann eine dunkle Ecke aufwerten.

In einem hellen Wintergarten kann es im Becken zu heiß werden.

BECKEN UND UNTERBAU

Die Abdeckung ist Teil dieses Selbstbausets. Sie enthält eine Abdeckscheibe und eine Halterung für die Beleuchtung.

◀ Becken müssen auf einem stabilen Schrank oder Unterbau stehen. Vorhandene Möbelstücke können ein gefülltes Becken oft nicht tragen.

Stellen Sie ein Glasbecken auf Styropor, um jegliche Unebenheiten des Unterbodens oder des Schranks auszugleichen.

Unterschränke bieten Platz für Außenfilter und Kabel.

Positionieren Sie den Unterschrank so, dass das Gewicht des Wassers vom Korpus und nicht von den Fachböden getragen wird.

DARAUF SOLLTEN SIE ACHTEN:

Die Angebote sind sehr unterschiedlich: Es gibt Komplettsets, bei denen Filter, Heizer und Licht schon fertig eingebaut sind, ebenso wie Paketangebote für Becken inklusive lose hinein gestapelter Geräte. Falls das Zubehör dem entspricht, was Sie sowieso kaufen wollten, sind solche Angebote preiswert – wenn nicht, wählen Sie am besten ein einfaches Becken und kaufen die Ausrüstung separat hinzu.

* Gebrauchte Becken sind günstig, aber mit zahlreichen Risiken verbunden. Häufig bekommt man sie mit Geräten und Fischen, die man nicht haben will. Falls sie undicht sind oder die Geräte kaputt gehen, gibt es keine Garantieansprüche.

◀ Säubern Sie das Becken mit einem fusselfreien Tuch und Wasser. Verwenden Sie niemals Reinigungsmittel, dies könnte die Bewohner töten.

DAS AQUARIUM AUSRICHTEN

Sobald man Wasser einfüllt, wird selbst ein geringfügiger Schiefstand sichtbar.

▲ Sorgen Sie mit Hilfe einer Wasserwaage, die Sie an allen Kanten anlegen, dafür, dass Becken und Unterbau absolut eben sind. Falls nötig legen Sie die Wasserwaage dazu auf eine gerade Holzleiste. Justieren Sie immer den Schrank beziehungsweise Unterbau und nie das Becken.

▲ Wählen Sie einen Hintergrund, der zum Stil ihres Beckens passt. Oft erzielt man mit einem einfachen blauen oder schwarzen Hintergrund die beste Wirkung.

▲ Ein passender Hintergrund an der Außenseite des Beckens nützt in zweierlei Hinsicht: Er lässt das Becken tiefer wirken und verdeckt die Tapete. Befestigen sie den Hintergrund, bevor Sie das Becken in seine endgültige Position bringen und mit Wasser füllen.

Aquarien einrichten

Natürlicher Sand und Kies ist in verschiedenen Körnungen erhältlich. Die besten Qualitäten haben runde Kanten und sind kalkfrei. Manche Fische vergraben sich gern im Bodengrund, andere durchwühlen ihn nach Futter. Dafür eignen sich Flusssand oder Kies feiner oder mittlerer Körnung. Für größere Fischarten kann man auch groben Kies verwenden, allerdings können sich in den Lücken Schmutz und Futterreste absetzen. Mischen Sie verschiedene Materialien, um ein natürlicheres Bild zu schaffen.

HEIZLEISTUNG

Gehen Sie von 50 Watt pro 27 Liter Wasser als Richtwert aus. Für größere Becken sollten Sie die benötigte Heizleistung eventuell auf zwei kleinere Heizer aufteilen. So erreichen Sie eine gleichmäßigere Wärmeverteilung und vermeiden abrupte Temperaturschwankungen, falls ein Heizer ausfällt.

Elektrische Tauchpumpe.

In der Schaumstoffpatrone leben nützliche Bakterien.

Plastikbehälter mit innerer Abtrennung sorgen für guten Wasserdurchfluss.

◀ *Motorbetriebene Innenfilter eignen sich für kleinere Becken. Filter nehmen verschmutztes Wasser auf und leiten es durch ein Filtermedium zurück ins Aquarium. Betreiben Sie die Pumpe niemals, wenn sich kein Wasser im Becken befindet.*

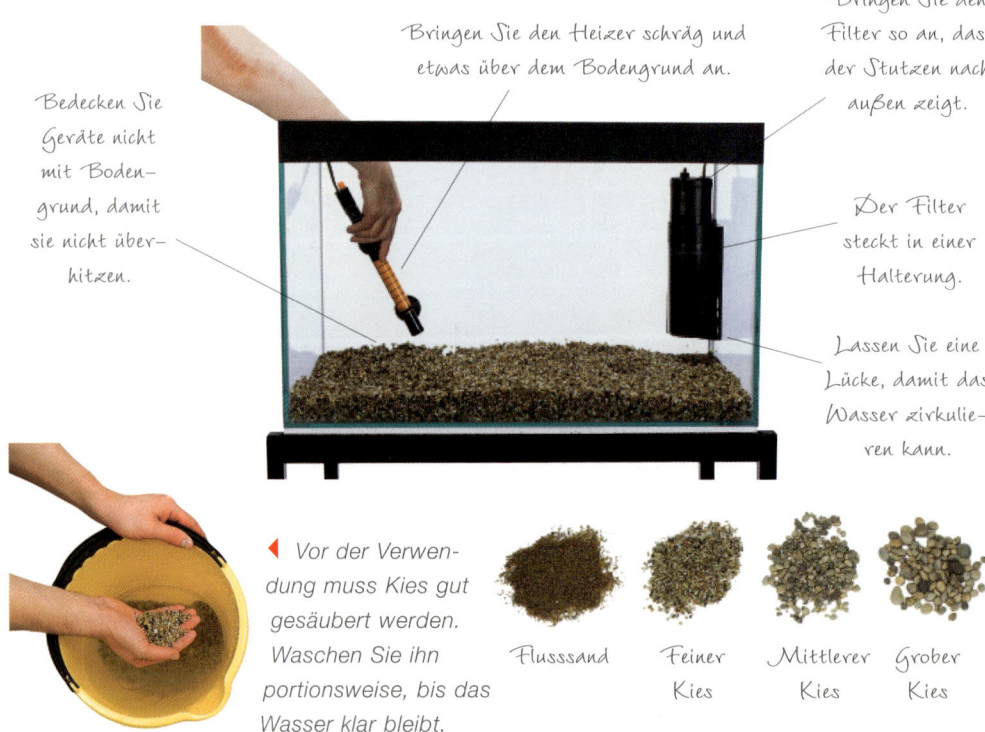

Bringen Sie den Heizer schräg und etwas über dem Bodengrund an.

Bringen Sie den Filter so an, dass der Stutzen nach außen zeigt.

Bedecken Sie Geräte nicht mit Bodengrund, damit sie nicht überhitzen.

Der Filter steckt in einer Halterung.

Lassen Sie eine Lücke, damit das Wasser zirkulieren kann.

◀ *Vor der Verwendung muss Kies gut gesäubert werden. Waschen Sie ihn portionsweise, bis das Wasser klar bleibt.*

Flusssand

Feiner Kies

Mittlerer Kies

Grober Kies

▲ Kaufen Sie Holz und Steine nur im Aqua-ristikfachhandel. Ungeeignete Steine enthalten gefährliche Metalle oder Substanzen, die die Wasserchemie beeinflussen. Manche Holzarten verrotten und verschmutzen das Aquarium.

Gießen Sie das Wasser mit einer Kanne vorsichtig auf eine ebene Fläche. Sobald der Wasserspiegel höher ist, können Sie einen Eimer verwenden. Füllen Sie das Aquarium nicht bis zum Rand, da das Wasser sonst überläuft, wenn die Pflanzen eingesetzt werden. Schalten Sie nun die Stromversorgung ein. ▼

WASSER AUFBEREITEN

Ein Wasserauf-bereitungsmittel macht Leitungs-wasser fisch-ge-recht. Beachten Sie die Hinweise auf der Verpa-ckung.

Sie können Holz vor den Heizer legen, wenn sicherge-stellt ist, dass es diesen nicht berührt.

Legen Sie schwere Steine vorsichtig ins Becken und graben Sie diese ein, bis sie den Glasbo-den berühren.

◀ Schrubben Sie Moor-kienholz und wässern Sie es mehrere Tage lang, um die Tannine, die das Was-ser verfärben, zu reduzie-ren.

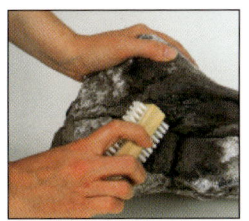

◀ Bürsten und wa-schen Sie Steine, um Staub und Pflanzen-reste, die das Wasser verschmutzen könnten, zu entfernen.

Aquarien einrichten

Lassen Sie das Becken etwa 24 Stunden ruhen, bevor Sie die Pflanzen einsetzen. Bis dahin sollte das Filtersystem alle Trübungen im Wasser beseitigt haben. Wählen Sie die Pflanzen nach Größe, Blattform und Farbe aus und setzen Sie große Pflanzen in den hinteren Bereich und mittlere und kleine ins Zentrum und nach vorn. Die Pflanzen sollten einzeln eingesetzt werden und genügend Abstand zueinander haben, damit das Licht bis zum Bodengrund gelangt. Pflanzen Sie versetzt, um die Pflanzengruppe von vorn betrachtet wie eine Wand wirken zu lassen. Denken Sie an freie Schwimmflächen für die Fische. Alle elektrischen Geräte müssen ausgeschaltet sein, bevor Sie mit der Arbeit im Aquarium beginnen.

◀ Entfernen Sie das Metallband vom Stängel der Cabombas und separieren Sie die Setzlinge.

◀ Schneiden Sie den beschädigten Stängel mit einer scharfen Schere direkt unterhalb eines Blattansatzes ab.

▶ Fassen Sie die Vallisnerie an der Basis. Bohren Sie mit einem Finger derselben Hand ein Loch in den Kies und stecken Sie die Pflanze vorsichtig in den Boden.

Beginnen Sie mit der Bepflanzung im hinteren Teil des Beckens und arbeiten Sie sich nach vorn. Verteilen Sie die Pflanzen so, dass sich ihre Blätter gerade berühren.

Die fedrige Cabomba kaschiert die Kanten des Holzes.

Vallisnerienblätter verdecken den Filter und wabern in der sanften Strömung.

Fahren Sie mit der Beckenbeflanzung fort. Ludwigien und Bacopas würden sich für diese Lücke eignen.

▶ Nehmen Sie die Amazonas-Schwertpflanze aus ihrem Töpfchen und lösen Sie das Nährmedium um die Basis herum vorsichtig ab.

◀ Pflanzen Sie jede kleine Cryptocoryne einzeln. So hat sie genügend Platz, um zu wachsen und sich auszubreiten.

DIE ABDECKUNG

Die Abdeckung enthält die Lichtquelle, die für gesundes Pflanzenwachstum sorgt und Ihnen die Beobachtung der Fische ermöglicht. Es gibt verschiedene Abdeckungstypen. Vergewissern Sie sich also vor der Montage, dass Sie alle notwendigen Schritte verstanden und alles zur Hand haben.

▲ Bringen Sie die Startereinheit im hinteren Teil der Abdeckung an. Verbinden Sie die Leuchtstoffröhre mit den Endkappen und drücken Sie sie in die Halterungen.

◀ Eine gleichmäßige Lichtausbeute erzielen Sie mit einer Leuchtstoffröhre mit den erforderlichen Peaks im blauen, roten und gelben Bereich. Eine Dreibandenröhre bringt diese am besten hervor. Leuchtstoffröhren mit violettem Licht fördern das Pflanzenwachstum.

Steuern Sie die Beleuchtung mit einer Zeitschaltuhr. Das Licht sollte 12 bis 14 Stunden pro Tag brennen.

Wählen Sie eine Abdeckung, die leichten Zugang für die Fütterung gewährt.

Schauen Sie täglich auf die Temperaturanzeige.

Vergewissern Sie sich täglich, dass Filter und andere Geräte einwandfrei funktionieren.

Schneiden Sie die Pflanzen regelmäßig aus und pflanzen Sie die Ableger wieder ein.

Ein fertiges Aquarium braucht eine mindestens fünfwöchige Einlaufzeit. Mit Starterbakterien für den Filter lässt sich dieser Prozess beschleunigen.

Erfreuen Sie sich an Ihrem Aquarium und ändern Sie täglich Ihren Blickwinkel.

Auswahl und Einsetzen der Fische

Die Größe der Wasseroberfläche bestimmt die Anzahl der Fische, die Sie in einem Aquarium halten können. Tropische Süßwasserfische brauchen 75 Quadratzentimeter Wasseroberfläche pro 2,5 Zentimeter Fisch. Ein Becken mit einer Größe von 60 mal 30 Zentimetern hat 1.800 Quadratzentimeter Wasseroberfläche und bietet Platz für tropische Süßwasserfische, die zusammen eine gesamte Körperlänge von etwa 60 Zentimetern haben. Denken Sie beim Aussuchen daran, dass die Fische noch wachsen.

▲ In diesem 60 mal 30 Zentimeter großen Becken schwimmen vier Fische mit je 15 Zentimetern Körperlänge. Zusammen ergibt das die maximale Besatzdichte von 60 Zentimetern Gesamtkörperlänge.

▲ In diesem 60 mal 30 Zentimeter großen Becken schwimmen zwölf Fische mit je 5 Zentimetern Körperlänge. Zusammen ergibt das die maximale Besatzdichte von 60 Zentimetern Gesamtkörperlänge.

◄ Lassen Sie sich immer von einem erfahrenen Händler beraten. Erstellen Sie eine Liste aller Fische, die Sie gern hätten, und finden Sie dann heraus, welche man vergesellschaften kann und welche Probleme bereiten, bis Sie eine geeignete Auswahl getroffen haben. Das verhindert die enttäuschende Feststellung, dass ein Fisch, den Sie nachträglich dazusetzen wollen, sich nicht für die Vergesellschaftung mit dem vorhandenen Bestand eignet.

DARAUF SOLLTEN SIE ACHTEN:

Alle Verkaufsbecken sollten sauber sein. Schilder, die unter anderem über Preis und Endgröße der Verkaufsfische informieren, dürfen nicht fehlen. Einige Händler geben auch Fütterungstipps und informieren über besondere Bedürfnisse und Verträglichkeit. Kaufen Sie niemals anscheinend gesunde Fische aus einem Becken, das tote oder kranke Artgenossen enthält.

GESUNDE FISCHE AUSWÄHLEN

Beobachten Sie, ob die Fische aktiv sind und sich normal verhalten. Schwarmfische sollten mit aufgestellten Flossen schwimmen und Bodenfische sollten den Bodengrund nach Futter durchwühlen. Kaufen Sie keine Fische mit ausgefransten Flossen, stark beschädigten Barteln, eingefallenem Bauch oder eingefallenen Augen.

* Seien Sie nicht überrascht, bei Ihrem örtlichen Händler Quarantänebecken oder Schilder mit der Aufschrift „Neuankömmlinge — noch nicht verkäuflich!" vorzufinden. Dies zeigt, dass der Händler seinen Bestand pflegt und zeichnet ein gutes Geschäft aus.

◀ Der Händler setzt die Fische in einen mit etwas Wasser und viel Luft gefüllten Plastikbeutel. Steckt man diesen zusätzlich in eine dunkle Hülle, verläuft die Heimreise für die Fische stressfreier.

▲ Nach einem kurzen Transport legen Sie den ungeöffneten Beutel circa 20 Minuten lang ins Aquarium, damit sich die Temperatur angleichen kann.

▲ Nach einem langen Transport – länger als 30 Minuten – sollten Sie die Ränder des Beutels umschlagen, damit die Fische etwas frische Luft bekommen.

▲ Entlassen Sie die Fische behutsam ins Becken, indem Sie den Beutel zur Seite neigen und sie ermuntern, herauszuschwimmen.

Fische füttern

Die große Auswahl an erhältlichen Futtermitteln macht es leicht, Fische gesund und ausgewogen zu ernähren. Berücksichtigen Sie die Fressgewohnheiten Ihrer Fische – an der Oberfläche oder am Bodengrund – und deren Größe. Wenn im Becken sehr unterschiedliche Fische leben, muss Futter in Form von Sticks oder Pellets an die Maulgröße der kleinsten, nicht der größten Bewohner angepasst werden. Große Futterstücke weichen in der Regel nicht schnell genug auf, damit auch die kleinen Fische etwas abbekommen. Sticks lassen sich leicht in geeignete Stückchen brechen, während pelletiertes Futter in allen Körnungen von fein bis grob erhältlich ist.

TROCKENFUTTER

Futterzusätze können die Farben tropischer Fische intensivieren.

Flockenfutter eignet sich für die meisten Fische als Hauptfutter. Verfüttern Sie es sparsam.

Sticks eignen sich als Futter für größere Barben.

Es gibt sowohl schwimmende als auch absinkende Pellets. So kann man alle Beckenregionen versorgen.

FROSTFUTTER

Mit Gammastrahlen sterilisiertes Frostfutter wird oft in Blistertafeln mit verschiedenen Sorten angeboten. Sie enthalten beispielsweise rote Mückenlarven, Daphnien und weiße Mückenlarven. Kaufen Sie zunächst eine Tafel und beobachten Sie, welche Sorten Ihre Fische bevorzugen. Nun können Sie Blistertafeln kaufen, die nur die Lieblingssorte enthalten.

Gefrorene Futterwürfel sollten vor dem Verfüttern aufgetaut werden.

FÜTTERUNGSSTRATEGIEN

Das einmal tägliche Füttern reicht vollkommen aus. Ein hungriger (nicht ein verhungernder) Fisch ist ein gesunder Fisch. Füttern Sie nicht mehr Trocken- oder Frostfutter, als die Fische in wenigen Minuten fressen, und vergewissern Sie sich, dass alles aufgefressen wird, damit die Reste nicht das Aquarium verunreinigen. Grünfutter kann man für pflanzenfressende Fische bis zur nächsten Fütterung im Becken lassen. Fische brauchen abwechslungsreiche Nahrung: Bieten Sie Trocken-, Lebend- und Frostfutter an.

◀ Lebendfutter wie rote Mückenlarven, Daphnien und Artemia wird von Fischen gern genommen. Regenwürmer, die im biologischen Garten oder von Rasenflächen gesammelt wurden, sind ebenso unwiderstehlich. Eine gute Alternative sind Rotwürmer aus dem Angelgeschäft.

GEEIGNETES GRÜNFUTTER

▶ Pflanzenfresser wie etwa Harnischwelse schätzen frisches Grünfutter. Geeignet sind blanchierte Kopfsalatblätter, frische Erbsen (zerdrückt, um die Schale zu entfernen) und rohe Zucchini- oder Salatgurkenstücke. Ungiftige Futterclips gibt es im Aquaristikgeschäft. Entsorgen Sie Futterreste, bevor diese verrotten.

Blanchierte Kopfsalatblätter

Salatgurke und Zucchini

Frische Erbsen

◀ Wenn Sie einer Fischgesellschaft mit Oberflächenfischen, Freiwasserfischen und Bodenfischen Flockenfutter füttern, sollten Sie eine Prise davon für ein paar Sekunden unter Wasser halten und dann erst loslassen. Dadurch sinken einige Flocken ab, was die Wahrscheinlichkeit erhöht, dass alle Fische genug abbekommen. Diese Zebrabärblinge schwimmen in allen Beckenregionen.

Lässt man das gesamte Futter oben schwimmen, bedienen sich lediglich die Oberflächenfresser auf Kosten der anderen Fische.

▲ Das nach oben gerichtete Maul erleichtert den Mollys die Futteraufnahme an der Wasseroberfläche.

BREITES NAHRUNGSSPEKTRUM

Obwohl manche Tropenfische den Pflanzen- und andere den Fleischfressern zugeordnet werden, leben in der Natur alle, mit Ausnahme der reinen Raubfische, von gemischter Nahrung. Algenfressende Bürstennasenwelse fressen beispielsweise auch zwischen dem Grün schwimmende kleine Lebewesen, und Lebendgebärende fressen sowohl Insekten als auch weiche Pflanzenteile.

Aquarien pflegen

Regelmäßige Pflege ist unerlässlich, damit Fische und Pflanzen gesund bleiben und das Becken immer ein schöner Anblick ist. Die meisten Tätigkeiten sind in wenigen Minuten erledigt und sollten als Vergnügen und nicht als lästige Pflicht empfunden werden. Es ist unmöglich, einen allgemeingültigen Plan aufzustellen, da die Anforderungen eines Beckens von Anzahl und Art der darin gehaltenen Fische und vom verwendeten Filtersystem abhängen. Stellen Sie zunächst einen Wartungsplan mit täglich, wöchentlich oder vierzehntäglich, monatlich und gelegentlich zu verrichtenden Tätigkeiten auf. Mithilfe eines Aquarientagebuchs können Sie diesen bald an Ihr Aquarium anpassen. Falls irgendetwas nicht stimmt, brauchen Sie dann nur noch zu überlegen, was wann gewartet werden muss.

ERFORDERLICHE TÄTIGKEITEN

Täglich
- Futterreste entfernen
- Gesundheit der Fische kontrollieren
- Wassertemperatur überprüfen
- Funktion von Filtern, Leuchten, Luftpumpen und so weiter überprüfen

Wöchentlich/vierzehntäglich
- Teilwasserwechsel (20 bis 25 Prozent)
- pH-, Ammoniak-, Nitrit- und Nitratwerte überprüfen
- Tote Pflanzenteile entfernen, Bodengrund mit einem Bodenreiniger säubern
- Frontscheibe von Algen befreien

- Abdeckscheibe reinigen

Monatlich/nach Bedarf
- Filter reinigen und falls nötig verbrauchte Filtermedien ersetzen

Alle sechs bis zwölf Monate
- Luftpumpen und Filter beziehungsweise Powerhead-Pumpen warten
- Leuchtstoffröhren austauschen
- Ausströmersteine und Luftschlauch austauschen
- Steine/Moorkienholz und Kunststoffpflanzen schrubben, um Algenbelag zu entfernen

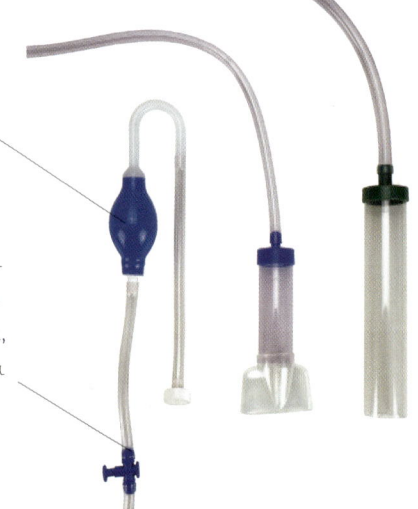

Mit einem Druck auf diesen Pumpball wird Wasser angesaugt.

Einige Bodenreiniger haben einen integrierten Hahn, um das Ansaugen zu unterbrechen.

◀ Im Handel ist eine Vielzahl von Bodenreinigern erhältlich, die jedoch alle das einfache Prinzip der Schwerkraft nutzen. Leichte Schmutzpartikel werden abgesaugt, während der Bodengrund weitgehend unversehrt bleibt.

Bodenreiniger gibt es in verschiedenen Größen, je nach Beckengröße.

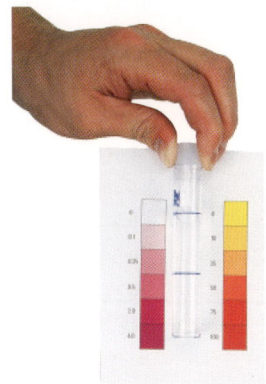

◀ *Folgt man der Gebrauchsanweisung, sind Wassertests einfach in der Handhabung. Dieser Nitrittest blieb farblos, was zeigt, dass der Nitritwert bei 0, also im sicheren Bereich, liegt. In den ersten ein bis zwei Wochen sind in einem neuen Aquarium leicht erhöhte Nitritwerte zu erwarten. Wenn Sie nach diesem Zeitraum noch Werte über 0,1 Milligramm pro Liter ablesen, kann dies an Überfütterung, einem zu dicht besetzten Becken oder einer Störung des Filtersystems liegen.*

REINIGUNG EINES AUSSENFILTERS

1 Schließen Sie die Absperrhähne am Adapter und lösen Sie die Plastikmuttern, die Adapter und Filtergehäuse verbinden. Stellen Sie den Filter in eine Schüssel und drehen Sie ihn um, damit das meiste Wasser herauslaufen kann.

2 Nehmen Sie den Motor aus dem Behälter. Nehmen Sie das Flügelrad aus seinem Gehäuse und befreien Sie alle Plastikteile mit einem feuchten Tuch von Schlamm und Ablagerungen. Entnehmen Sie den inneren Siebkorb.

3 Nehmen Sie die Filtermedien aus dem inneren Korb und entsorgen Sie verschmutzte Filterwatte und (falls vorhanden) verbrauchte Aktivkohle. Waschen Sie Schaumstoffpads oder Keramikfilter vorsichtig aus. Ersetzen Sie die Aktivkohle und zuletzt die Filterwatte. Bauen Sie die Einheit wieder zusammen, verbinden Sie den Filter mit dem Adapter und öffnen Sie die Absperrhähne. Nun sollte Wasser in den Behälter gesaugt werden. Wenn nicht, stellen Sie den Wasserkreislauf gemäß der Anleitung durch Ansaugen her.

◀ *Mit einem Algenmagnet lassen sich die Innenseiten des Beckens leicht reinigen.*

◀ *Beschneiden Sie große oder buschige Pflanzen nach Bedarf und geben Sie Dünger ins Becken.*

AQUARIEN PFLEGEN

Zucht

In den meisten Aquarien pflanzen sich die Fische ständig fort. Die Kunst ist es, die anderen Fische am Fressen der Eier oder Jungfische zu hindern, um so die Aufzucht der Brut zu ermöglichen. Bei Fischen gibt es sehr viele verschiedene Formen des Brut- und Aufzuchtverhaltens, von denen manche hochspezialisiert sind. Die meisten Aquarienfische werden den Freilaichern, den Haftlaichern, den Schaumnestbauern oder den Lebendgebärenden zugeordnet. Buntbarsche betreiben Brutpflege und haben im Aquarium besondere Bedürfnisse. Ein separates Ablaich- oder auch Aufzuchtbecken ist für die erfolgreiche Zucht der meisten Arten am besten geeignet.

AUFZUCHTBECKEN FÜR FREILAICHER

Genau wie zahlreiche andere Barben, Salmler und Bärblinge ist die Bitterlingsbarbe (Puntius titteya) ein Freilaicher. Konditionieren Sie die erwachsenen Tiere einige Wochen lang und setzen Sie dann, vorzugsweise spätabends, ein rundliches Weibchen mit einem leuchtend gefärbten Männchen in das Zuchtbecken. Das Ablaichen kann mehrere Stunden dauern und die Eier bleiben zwischen den Pflanzenwedeln hängen. Entfernen Sie die Eltern, damit die Eier möglichst unversehrt bleiben, bis die Brut am Tag darauf schlüpft. Füttern Sie dann eine Woche lang flüssiges Aufzuchtfutter und danach Artemia Nauplien, Mikrowürmer und Staubfutter für Jungfische. Achten Sie bei der heranwachsenden Brut auf Anzeichen für die Samtkrankheit.

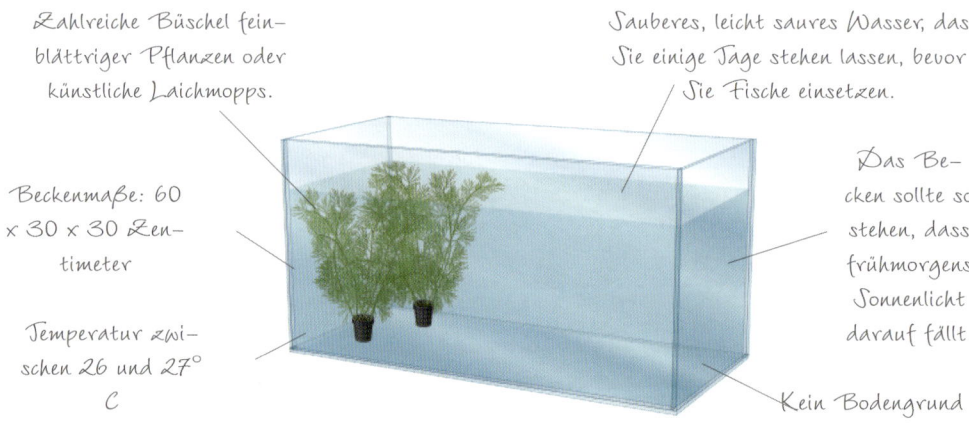

Zahlreiche Büschel feinblättriger Pflanzen oder künstliche Laichmopps.

Sauberes, leicht saures Wasser, das Sie einige Tage stehen lassen, bevor Sie Fische einsetzen.

Beckenmaße: 60 x 30 x 30 Zentimeter

Das Becken sollte so stehen, dass frühmorgens Sonnenlicht darauf fällt.

Temperatur zwischen 26 und 27° C

Kein Bodengrund

* Züchten Sie nur mit Fischen, die einen kräftigen und stabilen Körperbau sowie ideal geformte Flossen haben. Fische mit möglicherweise genetisch bedingten Fehlbildungen, beispielsweise einer krummen Wirbelsäule, sollten nicht zur Zucht eingesetzt werden.

◀ Junge Bitterlingsbarben sind, unabhängig vom Geschlecht, blassrosa gefärbt. Ausgewachsene Männchen färben sich leuchtend scharlachrot.

AUFZUCHTBECKEN FÜR HAFTLAICHER

Keilfleckbärblinge (Trigonostigma heteromorpha) sind Haftleicher. Zum Ablaichen setzen Sie spätabends ein gut konditioniertes Männchen mit einem jüngeren, rundlichen Weibchen ins Aquarium. Beim Laichen dreht sich das Paar auf den Rücken und klebt seine Eier bündelweise von unten an ein geeignetes Blatt. Obwohl die Eltern keine leidenschaftlichen Eierfresser sind, sollten sie danach so bald wie möglich entfernt werden. Die Brut schlüpft am Tag darauf, und am dritten Tag schwimmen die Jungfische frei. Füttern Sie eine Woche lang Infusorien oder flüssiges Aufzuchtfutter und danach Artemia. Die Fische wachsen rasch.

Beckenmaße: 60 x 30 x 30 Zentimeter

Sehr weiches, mäßig saures Wasser

Bepflanzen Sie einen Beckenbereich dicht mit großblättrigen Pflanzen, zum Beispiel mit Cryptocorynen.

Setzen Sie einige feinblättrige Pflanzenbüschel, zum Beispiel Cabomba, ein.

Sand oder feiner Kies als Bodengrund

AUFZUCHBECKEN FÜR SCHAUMNESTBAUER

Der männliche Siamesische Kampffisch baut an der Oberfläche ein Schaumnest, das er an den Beckenrändern oder unter einer Styroporplatte oder -schale befestigt. Entfernen Sie das Weibchen nach dem Ablaichen. Das Männchen sammelt die Eier ein, legt sie ins Nest und bewacht sie, bis die Brut frei schwimmt. Entfernen Sie dann das Männchen. Füttern Sie den Jungfischen zunächst Infusorien.

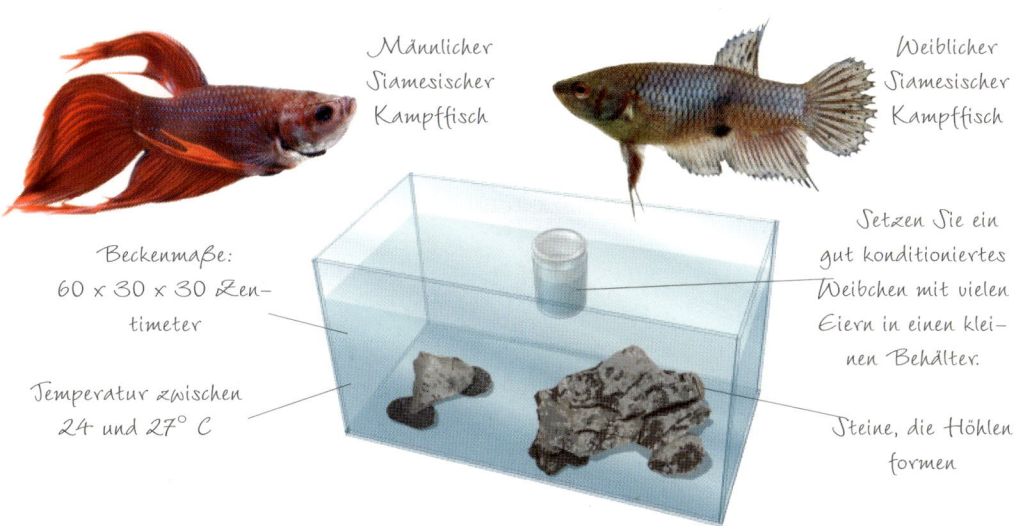

Männlicher Siamesischer Kampffisch

Weiblicher Siamesischer Kampffisch

Beckenmaße: 60 x 30 x 30 Zentimeter

Setzen Sie ein gut konditioniertes Weibchen mit vielen Eiern in einen kleinen Behälter.

Temperatur zwischen 24 und 27° C

Steine, die Höhlen formen

Zucht

AUFZUCHTBECKEN FÜR LEBENDGEBÄRENDE

Die im Handel erhältlichen Zuchtformen von Platys, Mollys, Guppys und Schwertträgern sind zwar sehr fruchtbar, da es sich jedoch bei allen um Hybridzüchtungen handelt, erweist sich die Erhaltung oder Gründung eines gesunden Stammes als schwierig. Einige Jungfische zu retten und aufzuziehen gelingt hingegen leicht. Die Afterflosse der ausgewachsenen Männchen ist zu einem stäbchenförmigen Gonopodium umgeformt, das zur Begattung des Weibchens dient. Sobald Anzeichen für eine Trächtigkeit zu erkennen sind, setzen Sie das Weibchen bis zur Geburt der Jungen ins Aufzuchtbecken. Danach nehmen Sie es heraus. Die Trächtigkeit dauert etwa 28 Tage und die Jungen kommen voll entwickelt zur Welt.

Cabomba

Etwas härteres Wasser

Beckenmaße:
60 x 30 x 30 Zentimeter

Temperatur zwischen 23 und 26° C

Javamoos

Sorgen Sie für schwache Filterung.

▲ Die Afterflosse des männlichen Platys (rechts) ist zu einem Begattungsorgan, dem Gonopodium, umgeformt.

* Wenn Sie die Fischzucht ernsthaft betreiben, sollten Sie so viel wie möglich über die individuellen Bedürfnisse Ihrer Fische und deren Brut in Erfahrung bringen. Für einige Fische müssen die Wasserwerte mit denen ihres natürlichen Lebensraums vergleichbar sein. Manche Jungfische brauchen Lebendfutter.

▲ Eine V-Falle für Lebendgebärende bauen Sie aus zwei Glasscheiben, die an gegenüberliegenden Beckenseiten so angebracht werden, dass in der Mitte ein schmaler Spalt bleibt, durch den die Jungfische, nicht aber die Eltern, schwimmen können. Bepflanzen Sie die für die Jungfische bestimmte Seite und setzen Sie die Eltern in den „leeren" Bereich. Fische, die nach der Geburt Richtung Oberfläche schwimmen, suchen die Kanten nach Verstecken ab, finden dabei den Spalt und schwimmen zu den Pflanzen auf der anderen Seite.

BAU EINES ABLAICHGITTERS

Sinn eines Ablaichgitters ist es, dass die Eier oder frisch geschlüpften Fische durch die Öffnungen fallen und so vor ihren Eltern und anderen Fischen sicher sind. Aus einem kunststoffüberzogenen Drahtgitter, dessen Öffnungen groß genug für Eier oder Jungfische, aber zu klein für ausgewachsene Fische sind, können Sie selbst ein Ablaichgitter bauen. Formen Sie einen Korb, der etwas kleiner ist als das Aufzuchtbecken, und hängen Sie ihn mithilfe zweier Drahtstücke ins Becken. Der obere Rand des Korbes sollte mindestens 2,5 Zentimeter aus dem Wasser ragen. Das Gitter und die Eltern kann man nach dem Ablaichen herausnehmen – so können sich Eier und Jungfische ungestört entwickeln.

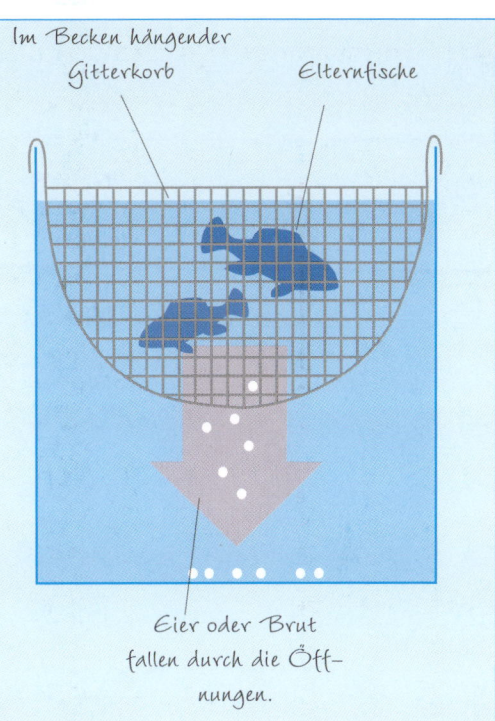

Im Becken hängender Gitterkorb

Elternfische

Eier oder Brut fallen durch die Öffnungen.

AUFZUCHTBECKEN FÜR PURPURPRACHTBARSCHE

Der Purpurprachtbarsch (Pelvicachromis pulcher) ist ein typischer höhlenbrütender Buntbarsch. Das Weibchen eines festen Paares sucht eine geeignete Bruthöhle und lockt seinen Partner hinein. In der Regel erfolgt die Eiablage am Höhlendach. Die Jungfische schlüpfen nach drei Tagen und schwimmen nach sieben Tagen frei. Füttern Sie der Brut zunächst Artemia und Mikrowürmer. Die Eltern ziehen ihren Nachwuchs problemlos über Monate hinweg auf. Entfernen Sie die Jungfische, sobald die Eltern diese vom alten Laichplatz vertreiben und sich auf erneutes Ablaichen vorbereiten.

Beckenmaße: 60 x 30 x 30 Zentimeter

Temperatur zwischen 25 und 27° C

Einige bepflanzte Bereiche

Viele Steine und Höhlen als Laichplätze

Weiches bis mittelhartes, pH-neutrales Wasser

▼ Weibliche Purpurprachtbarsche sind runder als männliche.

ZUCHT

Gesundheitsfürsorge

Unter normalen Bedingungen wehrt das Immunsystem eines Fisches Krankheiten ab. Schwierig wird dies, wenn ein Fisch unter Stress steht, verletzt ist oder die Konzentration schädlicher Krankheitserreger im Becken gefährlich hoch ist. Den meisten Krankheiten lässt sich vorbeugen, indem man das Becken nicht überbesetzt, neue Fische isoliert, die Wasserbedingungen überwacht und das Aquarium gut pflegt.

FISCHE ISOLIEREN

Wenn Sie weitere Fische hinzukaufen – selbst dann, wenn Sie dies in einem seriösen Geschäft tun – ist es immer sicherer, diese zunächst isoliert in einem separaten Becken zu halten, bevor sie ins Hauptbecken gesetzt werden. Falls die Fische Medikamente brauchen, ist die Behandlung im Quarantänebecken leichter und zudem gibt es ihnen die Möglichkeit, sich auszuruhen und an die Wasserbedingungen zu gewöhnen. Sie sollten die Fische idealerweise vier Wochen lang, auf keinen Fall aber kürzer als eine Woche, isoliert halten.

GESUNDHEITSFÜRSORGE

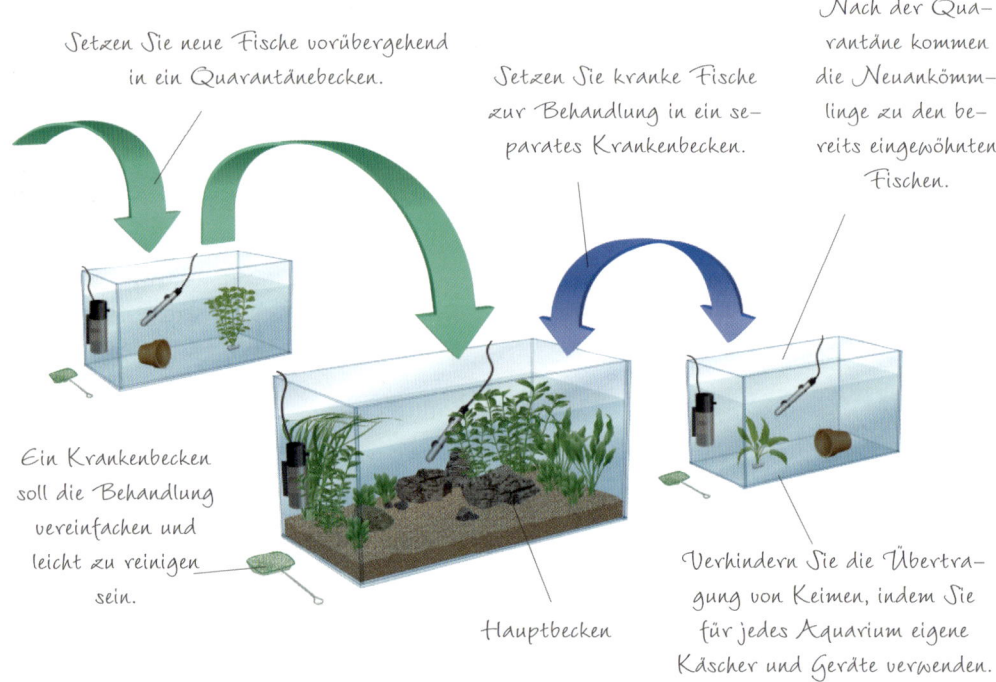

Setzen Sie neue Fische vorübergehend in ein Quarantänebecken.

Setzen Sie kranke Fische zur Behandlung in ein separates Krankenbecken.

Nach der Quarantäne kommen die Neuankömmlinge zu den bereits eingewöhnten Fischen.

Ein Krankenbecken soll die Behandlung vereinfachen und leicht zu reinigen sein.

Hauptbecken

Verhindern Sie die Übertragung von Keimen, indem Sie für jedes Aquarium eigene Käscher und Geräte verwenden.

▲ Ein Quarantänebecken braucht einen einfachen Innenfilter (Schwammfilter), einen Heizer, etwas Dekoration und eine dünne Kiesschicht. Kontrollieren Sie die Wasserqualität regelmäßig. Der pH-Wert sollte dem des Hauptbeckens entsprechen, es sei denn, der Fisch war beim Händler andere Werte gewöhnt. In diesem Fall muss der pH-Wert langsam an den des Hauptbeckens angepasst werden. Muten Sie Fischen keine pH-Wert-Änderungen von mehr als 0,3 Einheiten pro Tag zu. Halten Sie die Ammoniak- und Nitritwerte bei 0 und den Nitratgehalt unter 25 Millionsteln.

VERWENDUNGSMÖGLICHKEITEN

Erkrankt ein Fisch oder steht er unter Stress, setzen Sie ihn ins Quarantänebecken und funktionieren es so zum Krankenbecken um. Auch einen Fisch, der belästigt oder gemobbt wird, können Sie vorrübergehend im Quarantänebecken unterbringen. Falls Jungfische im Hauptbecken schlüpfen, setzen Sie diese so lange ins Quarantänebecken, bis sie groß genug sind, um mit den anderen Fischen zusammenzuleben.

▼ An den Augen lässt sich eine Menge ablesen. Trübe Augen (unten) deuten darauf hin, dass die Wasserqualität für den Fisch nicht gut genug ist, während eingefallene Augen auf eine ernste Erkrankung hinweisen. Ursachen eines hervorstehenden Auges können der Angriff eines Beckengenossen oder eine möglicherweise durch schlechte Lebensbedingungen hervorgerufene Infektion sein. Hervorstehende Augen sind auch ein Symptom der Bauchwassersucht. Bei einem blinden Auge handelt es sich wahrscheinlich um eine Fehlbildung.

WEISSPÜNKTCHENKRANKHEIT

Kenntnisse über den Lebenszyklus der Erreger können Ihnen die erfolgreiche Behandlung erleichtern.

Freischwimmende Parasiten verlassen die Zyste und müssen innerhalb von 24 Stunden einen Wirt finden.

In der Zyste teilen sich die Zellen rasch.

Die Parasiten verlassen den Fisch durch die Haut und schwimmen frei. Die Austrittswunde kann sich mit Bakterien infizieren.

Unterbrechen Sie hier den Kreislauf mit einem geeigneten Medikament, das die freischwimmenden Parasiten abtötet.

Innerhalb weniger Stunden umhüllt sich der Parasit mit einer Zyste.

▲ Die Weißpünktchenkrankheit ist hochansteckend. Zur Behandlung eingesetzte Chemikalien richten sich gegen die freischwimmenden Parasiten und sind sehr wirksam. Auch wenn an den Wirtsfischen schnell keine Zysten mehr zu sehen sind, muss man dem Mittel Gelegenheit geben, die freischwimmenden Parasiten anzugreifen.

* Medikamente sollten nur gemäß der Packungsbeilage angewandt werden. Setzen Sie niemals zwei Mittel zur gleichen Zeit ein.

GESUNDHEITSFÜRSORGE

Gesundheitsfürsorge

Verschiedene Krankheiten können sich durch ähnliche Symptome äußern. Eine (sehr allgemeine) Orientierungshilfe für die Diagnose ist, dass bakterielle Infektionen am schnellsten fortschreiten. In schweren Fällen vergehen zwischen ersten Anzeichen und Tod etwa 24 Stunden. Darauf folgen die Pilzinfektionen, die sich fast immer durch watteartige Beläge äußern. Parasitäre Erkrankungen verlaufen in der Regel langsamer. Ihr Ausbruch und die Übertragung auf andere Fische zieht sich mehre Tage hin.

BAKTERIELLE INFEKTIONEN

Zu den Symptomen zählen: Flossenfäule, Maulfäule, Geschwüre, Glotzaugen, blutunterlaufene Stellen und ein angeschwollener oder eingezogener Bauch. Behandeln Sie oberflächliche Infektionen mit freiverkäuflichen Medikamenten; ernstere Infektionen erfordern Antibiotika vom Tierarzt. Versuchen Sie auch die Ursache zu finden: Was könnte die Abwehrkräfte Ihres Fisches geschwächt haben?

PARASITÄRE ERKRANKUNGEN

Achten sie auf schleimige oder trübe Haut, eingeklemmte Flossen und, insbesondere bei Lebendgebärenden, auf schnelle oder schwere Atmung. Manchmal zeigen sich blasse Stellen am Körper. Fragen Sie Ihren Tierarzt, falls ein freiverkäufliches Medikament nicht anzuschlagen scheint. Auch Stress kann eine Rolle spielen, überprüfen Sie also die Lebensbedingungen im Aquarium.

Abstehende Schuppen können Symptom einer bakteriellen Infektion sein.

PILZINFEKTIONEN

Pilzsporen sind in jedem Aquarium vorhanden. Gesunde Fische sind nicht gefährdet, die Pilze befallen jedoch beschädigtes Gewebe oder, bei starker Schwächung des gesamten Immunsystems, sogar gesundes Gewebe. Ist ein Fisch gestresst, verletzt oder anderweitig erkrankt, kann noch eine Pilzerkrankung hinzukommen. Pilzbefall äußert sich durch weißliche, watteartige Beläge und muss umgehend mit Medikamenten behandelt werden.

EIN MOBBING-PROBLEM?

Die Anzeichen für Mobbing oder sexuelle Belästigung können denen mancher Krankheiten ähneln: eingeklemmte oder ausgefranste Flossen (unten), ramponierte oder schleimig aussehende Flanken, Verstecken und Nahrungsverweigerung. Setzen Sie betroffene Fische in ein Quarantänebecken. Wenn sich ihr Zustand ohne Medikamente bessert, haben Sie wahrscheinlich ein Mobbing-Problem.

SAUBERER BODENGRUND

Sie müssen nicht nur eine gute Wasserqualität gewährleisten, sondern auch den Bodengrund sauber halten. Es gibt Anzeichen dafür, dass schmutziger oder mit reichlich verrottenden Pflanzenteilen durchsetzter Kies den Ausbruch bakterieller Infektionen begünstigt. Dies gilt vor allem für Krankheiten wie Maulfäule und Maulpilz und für bestimmte bakterielle Infektionen, die Maul und Barteln von Welsen befallen können.

◀ *Beginnen Sie bei ersten Anzeichen einer Infektion umgehend mit der Behandlung. Je nach Entfernung zum nächstgelegenen Aquaristikgeschäft und dessen Öffnungszeiten ist es möglicherweise ratsam, gängige Medikamente vorrätig zu haben. Ein Basismittel gegen Parasiten, ein Antibiotikum sowie ein Pilzmedikament sollten jederzeit zur Verfügung stehen. Für Notwasserwechsel sollten Sie auch immer reichlich Wasseraufbereiter zur Hand haben.*

BECKENVOLUMEN

Für die Anwendung von Medikamenten sollten Sie das Volumen Ihres Aquariums kennen. Das Volumen in Litern errechnet sich aus „Länge mal Breite mal Höhe" in Zentimetern geteilt durch 1000. Kies und Dekoration verdrängen Wasser, daher sollten Sie, je nach Beckeneinrichtung, vom Ergebnis etwa 10 Prozent abziehen.

* *Aktivkohle filtert die meisten Medikamente aus dem Wasser. Sie sollte deshalb für die Zeit der Behandlung entfernt werden. Danach hilft die Aktivkohle dabei, alle Spuren des Medikaments aus dem Becken zu beseitigen.*

▶ *Einige Medikamente verringern den Sauerstoffgehalt des Wassers, andere reizen die Kiemen der Fische. Manche tun beides. Während der Behandlung muss daher eine ausreichende Belüftung gewährleistet sein. Sorgen Sie mittels einer zusätzlichen Powerhead- oder Luftpumpe für Oberflächenbewegung.*

FISCHPORTRÄTS

Angesichts des großen Angebots an Zierfischen in Ihrem örtlichen Aquaristikgeschäft wird Ihnen die Wahl womöglich schwer fallen. Auf den folgenden Seiten finden Sie eine Auswahl von Fischen, die in Kategorien unterteilt sind. Dies soll Ihnen die Zusammenstellung harmonischer Fischgesellschaften erleichtern (Beispiele für solche Gesellschaften werden auf den Seiten 87 bis 95 vorgestellt). Die erste Kategorie besteht aus sogenannten Anfängerfischen, die anpassungsfähig und robust sind. Sie bilden den Grundbesatz jedes gemischten Gesellschaftsaquariums. Die folgenden drei Abschnitte beschäftigen sich mit friedlichen kleinen Fischen, mittelgroßen und zuletzt großen Fischarten. Wollen Sie die größeren Fische halten, sollten Sie sich unbedingt über die Größe des Beckens und die dafür erforderlichen Versorgungssysteme bewusst sein.

In natürlichen Lebensräumen bewohnen Fische unterschiedliche Wasserregionen. Im Aquaristikgeschäft findet man daher in Bodennähe lebende Fische, solche, die in der mittleren Region leben und solche, die sich meistens an der Wasseroberfläche aufhalten. Fischarten dieser drei „Regionen-Kategorien" werden als nächstes vorgestellt, gefolgt von beliebten Fischarten, aktiven Fischen und „Charakterfischen"; die letztgenannte Kategorie bilden diejenigen, die besonders auffällig sind oder sich durch eine spezielle Lebensweise auszeichnen. Die Auswahl von Gesellschaftsfischen endet mit der Betrachtung von Algenfressern – nützliche Helfer in jedem Aquarium – und einem kurzen Blick auf die beliebten Buntbarsche aus den ostafrikanischen Grabenseen.

Alle Zierfische haben einen umgangssprachlichen und einen wissenschaftlichen Namen. Einige von ihnen können mehrere umgangssprachliche Namen haben, es gibt jedoch für jede Fischart nur eine einzige wissenschaftliche Bezeichnung. Wenn Sie zum ersten Mal Fische kaufen, müssen Sie daher den genauen wissenschaftlichen Namen kennen, um die richtigen auszusuchen. Kaufen Sie Fische hinzu, sollten Ihnen die wissenschaftlichen Namen der bereits vorhandenen Fische bekannt sein, damit Sie sichergehen können, dass jeder Neuzugang zu Ihrer bestehenden Fischgesellschaft passt.

▲ Eine Fischgesellschaft, die alle Regionen eines reichlich bepflanzten Aquariums besiedelt.

Anfängerfische

Ein neues Aquarium braucht eine Einlaufphase. Während dieser besiedeln Bakterien den Filter, um das Wasser von Abfallstoffen zu reinigen, die Wasserbedingungen wie zum Beispiel der pH-Wert stabilisieren sich und Fischhalter und Fische gewöhnen sich an Fütterungspläne. Anfängerfische sind von Natur aus robuste und gutmütige Arten, die gut mit wechselnden Bedingungen zurechtkommen und selbstsicher genug sind, ein Becken ohne weitere Bewohner zu besiedeln. Sie vertragen ein breites Spektrum an Wasserwerten und brauchen keine besondere Pflege. Sobald sie sich gut eingelebt haben, kann die nächste Fischgruppe in ein ausgewogeneres Umfeld eingesetzt werden und durch die Anwesenheit bereits etablierter Fische an Selbstsicherheit gewinnen.

◀ *Halten Sie die friedlichen Messingbarben (Puntius semifasciolatus) in einer Gruppe mit fünf bis sechs Artgenossen. Sie sind lebendige, butterfarbene Fische mit unterschiedlich vielen schwarzen Flecken und fühlen sich zwischen dichter Vegetation wohl.*

▲ *Der Rautenflecksalmler (Hemigrammus caudovittatus) nagt gern an Flossen. Solange Sie ihn nicht zusammen mit langflossigen Beckengenossen halten, eignet er sich sehr gut für ein Gesellschaftsaquarium. Diese robuste und anpassungsfähige Art mag keine Wassertemperaturen über 26 Grad Celsius und lässt sich gut mit anderen Fischen aus gemäßigten Zonen vergesellschaften. Halten Sie diese friedlichen, im Schwarm lebenden Salmler mindestens zu viert.*

WEITERE ANFÄNGERFISCHE

Viele Barben, Bärblinge und Regenbogenfische sind robust und anpassungsfähig, so zum Beispiel Platys, Glühlichtbärblinge, Zebrabärblinge, Prachtbarben und Lake Kutubu Regenbogenfische. Überwachen Sie die Wasserwerte sorgfältig, nachdem Sie die ersten Fische ins Aquarium gesetzt haben.

▶ *Der Kardinalfisch (Tanichthys
albonubes) ist ein friedlicher und
aktiver Schwarmfisch, der
kühleres Wasser schätzt.
Am besten hält
man eine Grup-
pe von mindes-
tens vier Fischen
zusammen mit
kleineren Beckengenossen.*

*Kardinalfischweibchen sind
rundlicher und nicht so
leuchtend gefärbt wie die
Männchen.*

◀ *Der äußerst robuste und farbenprächtige Paradiesfisch (Macropodus
opercularis) ist in einem Gesellschaftsbecken mit gleich großen und ähnlich
robusten Arten pflegeleicht. Da Männchen zum Kämpfen neigen und sogar
gegenüber Weibchen aggressiv werden
können, sollten Sie nicht mehr als
ein Pärchen pro Becken und niemals
Männchen zusammen halten.*

▼ *Der Rotflossensalmler (Aphyocharax anisitsi) ist ein zäher kleiner
Fisch, der sich gern in der oberen Beckenregion aufhält. Sie sollten
ihm also mit Schwimmpflanzen oder hohen Pflanzen Unterschlupf-
möglichkeiten bieten. Ihren umgangssprachlichen Namen verdankt
die Art der leuchtend roten Färbung der Flossen, die am intensivsten
ist, sobald sich ein Fisch eingewöhnt hat.*

*Die Flossenfarbe dieses
Jungfisches ist noch
nicht voll ausgeprägt.*

Friedliche kleine Fische

Ein großes Becken und große Fische mögen zwar beeindruckend sein, zu den Freuden der Aquaristik gehört jedoch das Beobachten, und kleinere Fischarten können die Blicke ebenso sehr auf sich ziehen. Viele kleine Fische haben eine ungewöhnliche Zeichnung oder Form, und ihr Wesen macht sie zu den perfekten Aquarienfischen. Kleinere Fische sind meist auch friedlicher, da ihre Größe den Erfolg jeder Form von Aggression mindert. Trotzdem kann es gelegentlich zu Kabbeleien kommen.

* Die meisten kleinen Fische hält man am besten paarweise oder in Gruppen. Sie brauchen ein Aquarium mit zahlreichen Verstecken.

▲ *Der zumeist gutartige und friedliche Knurrende Gurami (Trichopsis vittata) kommt in großer Zahl und vielen Farbvarianten in ganz Südostasien vor. Er ist robust, Haltung und Fortpflanzung sind unkompliziert, und die Aufzucht der Brut ist einfach. Männchen und Weibchen sind 7 Zentimeter lang.*

„SPRECHENDE" FISCHE

Knurrende Guramis erzeugen deutlich hörbare Geräusche, indem sie ihre Brustflossen und dadurch die entsprechende Muskulatur vibrieren lassen. Das Labyrinthorgan dient dabei als Resonanzraum. Guramis kann man gut paarweise oder in Gruppen halten. Befinden sich mehrere Männchen im Aquarium, sind die von beiden Geschlechtern hervorgebrachten knurrenden Laute häufiger zu hören.

▲ *Der Honiggurami (Trichogaster chuna) ist ein pflegeleichter und dankbarer kleiner Gurami, der sich sehr gut für ein kleineres Gesellschaftsaquarium eignet. Männchen sind mit 4 Zentimetern etwas kleiner und, vor allem zur Laichzeit, farbenprächtiger als Weibchen. Die Fische laichen im Aquarium.*

◀ *Bitterlingsbarben (Puntius titteya) sind keine Schwarmfische und sollten deshalb paarweise gehalten werden. Das paarungsbereite Männchen ist leuchtend rot gefärbt, Weibchen sind allerdings unscheinbarer. Beide Geschlechter werden 5 Zentimeter lang.*

Wenige Aquarienfische sind so intensiv rot gefärbt wie die männliche Bitterlingsbarbe.

▶ *Je größer der Schwarm, desto intensiver ist die Balzfärbung der paarungsbereiten männlichen Eilandbarbe (Puntius oligolepis). Obwohl die Fische aktiv sind und nicht zimperlich miteinander umgehen, lassen Sie andere Beckengenossen in Ruhe.*

Fünfgürtelbarben fühlen sich in Gruppen von fünf bis sechs Fischen wohl.

▼ *Die äußerst anspruchslose Fünfgürtelbarbe (Puntius pentazona) ist ein idealer Anfängerfisch. Sie wird 5 Zentimeter lang. Eingewöhnte Fische haben schillernde Schuppen.*

FRIEDLICHE KLEINE FISCHE

Friedliche kleine Fische

Kleine Fische muss man nicht zwangsläufig in kleinen Becken halten. Ist dies jedoch der Fall, müssen Sie dem Becken erhöhte Aufmerksamkeit widmen. Aufgrund des geringen Wasservolumens können Veränderungen nicht gut ausgeglichen werden, wodurch die Wasserbedingungen in kleinen Becken häufiger schwanken. Sie sollten die Wasserwerte regelmäßig überprüfen und Wartungsarbeiten, wie etwa Wasserwechsel, nach dem Motto „wenig, aber häufig" ausführen. Kleine Fische sind tendenziell opportunistische Fresser, das heißt sie fressen in freier Wildbahn fast alles. Bieten Sie ihnen im Aquarium unterschiedliches Trocken-, Frost- oder Lebendfutter in kleinen Stückchen an.

◀ *Obwohl andere Ziersalmler weiches Wasser brauchen, passt sich der Längsbandziersalmler (Nannostomus beckfordi) an die meisten Bedingungen an. Halten Sie mindestens sechs dieser ziemlich ruhigen und trägen Fische zusammen mit ähnlich friedlichen Beckengenossen.*

* In einem Becken mit dicht bepflanzten Bereichen und dunklem Bodengrund wird die Rotfärbung des Ziersalmlers intensiver. Eingewöhnte Exemplare sehen wesentlich attraktiver aus als Neuerwerbungen.

▲ *Platys (Xiphophorus maculatus) sind ideale Gesellschaftsfische. Sie sind friedlich, anpassungsfähig und beim Fressen nicht wählerisch. Durch Einkreuzung von Schwertträgern entstanden die unzähligen Farbvarianten und Flossenformen der im Handel erhältlichen Zuchtformen.*

Roter Wagtail-Platy (Männchen)

Tuxedo-Platy (Weibchen)

◀ Eine der kleinsten bekannten Fischarten, der Zwergbärbling (Boraras maculatus), wird höchstens 2,5 Zentimeter lang. Wegen seiner Größe und Vorliebe für weiches, saures Wasser eignet er sich nur für bestimmte Aquarien und Fischgesellschaften.

▶ Mit einer Länge von nur 2 bis 3 Zentimetern ist der Zwergpanzerwels (Corydoras pygmaeus) hervorragend für kleine Aquarien geeignet. Diese friedlichen Panzerwelse sind von Natur aus Schwarmfische. Sie schwimmen gern in Gruppen in der mittleren Beckenregion, vorzugsweise zusammen mit anderen kleinen Fischarten, was ihre Attraktivität noch steigert. Am besten hält man sie zu zwölft mit je zwei Männchen pro Weibchen.

▼ Ein bepflanztes Aquarium mit vielen Verstecken und schattigen Plätzen ist ideal für Keilfleckbärblinge (Trigonostigma heteromorpha), die in Gruppen schwimmen und ruhen. Jungfische im Handel wirken häufig dünn und schwächlich, eingewöhnte Exemplare entwickeln jedoch einen robusteren Körperbau und leuchtendere Farben.

Durch die markante Zeichnung fällt dieser Fisch trotz seiner geringen Größe auf.

Mittelgroße Fische

Fische unterschiedlicher Größen lassen das Aquarium lebhaft wirken, und einige mittelgroße Fischarten können als „Einzelfische" in einem Gesellschaftsaquarium mit kleineren Fischen gehalten werden. Sie sind aber auch groß genug, um sie aus der Entfernung erkennen zu können, weshalb ein Aquarium mit einer Gruppe mehrerer mittelgroßer Fische von jedem Blickwinkel im Raum aus besser zur Geltung kommt. Die hier vorgestellten Fadenfische und Buntbarsche können sowohl ruhig schwimmende und anmutige als auch territoriale, zur Aggression neigende Fische sein. Um mit diesen Fischen eine friedliche Fischgesellschaft aufzubauen, ist es wichtig, die richtige Anzahl von Artgenossen zu halten.

◀ *Der geisterhafte Mondscheinfadenfisch (Trichogaster microlepis) kann zum Opfer an Flossen nagender Fische werden – halten Sie ihn daher mit friedlichen Arten zusammen. Bieten Sie diesem scheuen Fisch Schutz durch dichte Bepflanzung. Er wird bis zu 15 Zentimeter lang. Mondscheinfadenfische fallen gerade wegen ihrer blassen Färbung auf.*

LAICHVERHALTEN

Die meisten Fadenfische bauen schwimmenden, Schaumnester zwischen Pflanzen an der Oberfläche. Dort legen sie die Eier nach dem Laichen ab. Die Schaumnester können Pflanzenteile enthalten – ein Aquarium mit reichlich Vegetation lädt daher zum Laichen ein.

▼ *Die wallenden Flossen und schimmernde Färbung des männlichen Mosaikfadenfischs (Trichogaster leeri) werten nahezu jedes Gesellschaftsbecken auf. Beide Geschlechter werden 12 Zentimeter lang. Halten Sie die Fische zu zweit oder zu dritt (ein Männchen und zwei Weibchen). Sie laichen im Aquarium.*

Mosaikfadenfische sind im Aquarium recht langlebig. Sie können bis zu acht Jahre alt werden.

◀ Der äußerst widerstandsfähige Blaue oder auch Punktierte Fadenfisch (Trichogaster trichopterus) passt sich an fast alle Wasserbedingungen an und ist einer der bekanntesten Fadenfische für Gesellschaftsbecken. Halten Sie zwei oder drei davon (ein Männchen und zwei Weibchen). Die Fische verhalten sich gegenüber Beckengenossen manchmal etwas bösartig; während der Laichzeit sind sie aggressiv.

Weibchen

Männchen

▲ Während viele Buntbarsche aggressiv sind, hat der Regenbogenbuntbarsch (Herotilapia multispinosa) einen recht ausgeglichenen Charakter und lässt sich gut mit größeren Fischen vergesellschaften. Diese Fische halten sich gern in der unteren Beckenregion auf und mögen aus Holz oder Steinen geformte Höhlen.

◀ Die Form des Skalars (Pterophyllum scalare) ist so ungewöhnlich, dass die meisten Menschen ihn nicht als Buntbarsch erkennen. Er ist in zahlreichen Zuchtformen erhältlich, die sich in Färbung und Beflossung unterscheiden. Skalare sind, sogar in der Laichzeit, sehr friedlich. Männchen und Weibchen können etwa 13 Zentimeter lang und eher noch etwas höher werden, in der Regel bleiben sie jedoch kleiner. Skalare sind Schwarmfische und sollten als Gruppe gehalten werden.

Mittelgroße Fische

Mollys, Segelkärpflinge, Schwertträger und Regenbogenfische sind farbenprächtiger und aktiver als Fadenfische und Buntbarsche. Sie bringen viel Bewegung ins Aquarium. Alle hier vorgestellten Fische fressen an der Oberfläche und brauchen schwimmende Nahrung, zum Beispiel Flockenfutter. Die schönste Färbung entwickeln sie jedoch bei abwechslungsreicher Ernährung, die auch etwas Lebend- und Frostfutter beinhaltet. Fadenfische, Skalare und Buntbarsche sind von Natur aus Weichwasserfische, während Mollys, Segelkärpflinge, Schwertträger und Regenbogenfische aus hartem Wasser kommen. Die meisten im Handel erhältlichen Arten sind Nachzuchten und gedeihen in mittelhartem bis hartem Wasser.

◀ *Ein charakteristischer Streifen kennzeichnet diesen mittelgroßen Buntbarsch, der sich seinen natürlichen Lebensraum mit Skalaren und Diskusfischen teilt. Obwohl er friedlich ist, zeigt der Flaggenbuntbarsch (Mesonauta festivus) etwas Revierverhalten. Pro Pärchen sollten Sie daher mindestens 60 Zentimeter Beckenlänge vorsehen.*

▶ *Gute Filterung und eine hohe Wasserqualität sind sehr wichtig für das Wohlbefinden des auffälligen Segelkärpflings (Poecilia velifera). Durch Kreuzung von Wildfischen mit Poecilia latipinna und anderen Poecilia-Arten entstanden zahlreiche Farbvarianten.*

Grüner Segel-
kärpflingmolly

Orangefarbener
Segelkärpfling

▶ *Dieser Lyratail-Silbermolly ist möglicherweise durch Einkreuzung anderer Mollys entstanden.*

MITTELGROSSE FISCHE

Die Zeichnung des Ananas-Schwertträgers kommt der Wildform am nächsten.

◀ Die Zuchtformen des Schwertträgers (Xiphophorus helleri) sind sehr widerstandsfähig. In einem geräumigen Gesellschaftsbecken mit anderen robusten Arten fühlen sich die lebhaften und temperamentvollen Schwertträger wohl. Sie benehmen sich gut, solange man Dominanzverhalten verhindert. Weibchen sind 12 Zentimeter lang, Männchen 8 Zentimeter (ohne Schwert).

Die zahlreichen Farbvarianten werten jedes Becken auf.

Diese Fische sind männlich. Den Weibchen fehlt die charakteristische schwertförmige Schwanzflosse.

▶ Boesemans Regenbogenfische (Melanotaenia boesemani) sind schöne und beliebte Fische, die Männchen sind allerdings erst mit etwa zwölf Monaten voll ausgefärbt. Halten Sie diese äußerst aktiven Schwarmfische in einem Becken mit leichter Strömung und einer gut sitzenden Abdeckung, da es sich um gute Springer handelt.

◀ Lake Kutubu Regenbogenfische (Melanotaenia lacustris), auch bekannt als Aquamarin Regenbogenfische, zeigen ihre Färbung schon relativ früh. Bei geduldigem Beobachten werden Sie feststellen, dass der Kopfbereich vieler Regenbogenfische bei Aufregung in Sekundenschnelle die Farbe wechselt.

Große Fischarten

Große Fische brauchen große Becken. Für die meisten dieser Arten muss ein Aquarium mindestens 150 Zentimeter lang sein – soll es mehrere Fische aufnehmen, sogar länger. Überlegen Sie sich die Anschaffung solch eines großen Beckens gut. Wenn Sie allerdings den Platz dafür haben, sind diese Fischarten ein großartiger Blickfang, und sie werden ihren Besitzern gegenüber auch recht zahm. Eine der Schwierigkeiten bei der Haltung großer Fische ist, dass sie etwas heftig sind und Pflanzen wahrscheinlich zerstören werden. Sie sollten sich daher bei der Dekoration auf große Objekte beschränken, die sich nur schwer bewegen lassen oder die das Glas nicht beschädigen, falls ein Fisch dagegenstößt.

◀ *Als Schwarmfische sollte man Haibarben (Balantiocheilus melanopterus) mindestens zu dritt halten. Da Männchen und Weibchen 30 Zentimeter lang werden, bräuchte eine solche Gruppe ein recht großes Becken von 150 Zentimetern Länge. Abgesehen davon sind die Fische pflegeleicht, aktiv und friedlich. Sie lassen sich mit kleineren Fischen vergesellschaften und eignen sich als Beckengenossen für andere aktive und robuste Fischarten.*

✳ *Brassenbarben sind begeisterte Pflanzenfresser. In der Regel hält man sie zusammen mit anderen friedlichen Gesellschaftsfischen, die zu groß für normale Gesellschaftsbecken sind, in relativ kahlen großen Becken.*

Brassenbarben haben stark reflektierende silberne Schuppen, die in hellem Licht schimmern.

▶ *Die Brassenbarbe (Barbonymus schwanenfeldii) ist ein friedlicher, aktiver Schwarmfisch (halten Sie mindestens zwei zusammen), den man allerdings nicht mit Fischen unter 5 Zentimetern Körperlänge vergesellschaften sollte, da er diese als Lebendfutter ansieht. Lassen Sie sich nicht von den niedlichen Jungfischen im Handel täuschen; die Brassenbarbe ist hochrückig, wird beachtliche 30 Zentimeter lang und braucht ein dementsprechend hohes Becken, um sich wohlzufühlen.*

▼ Das schön gezeichnete Zebra-Spatelmaul (Merodontotus tigrinus) wird 50 Zentimeter lang und braucht ein großes Aquarium mit einem leistungsstarken Filtersystem, um das äußerst sauerstoffreiche, schnell fließende Wasser zu erzeugen, das es in der Natur genießt. Dieser sehr teure Fisch ist ein Räuber, den man nur mit anderen großen Arten vergesellschaften sollte.

Das Zebra-Spatelmaul ist aktiv und sehr schreckhaft — ein großes Becken ist unbedingt notwendig, um zu verhindern, dass der Fisch gegen die Scheibe stößt und seine empfindliche Nase verletzt.

◄ Der Saugmaulwels (Hypostomus spec.) ist ein robuster Fisch und ein großartiger Algenfresser, er kann allerdings zerstörerisch sein, Chaos verursachen und Pflanzen beschädigen. Obwohl er im Aquarium bis zu 45 Zentimeter lang wird, lässt er sich problemlos mit Fischen jeglicher Größe vergesellschaften.

▼ Der Gebänderte Leporinus (Leporinus fasciatus) ist eine lebhafte und interessante Ergänzung in einem Gesellschaftsaquarium mit relativ großen und robusten, jedoch friedlichen Bewohnern. Männchen und Weibchen werden 30 Zentimeter lang und schätzen große Moorkienholzstücke und sandigen Bodengrund im Becken. Sorgen Sie für gute Filterung und Bereiche mit starker Strömung.

* Dieser auffällig gezeichnete Fisch gehört zu den Kopfstehern, obwohl er die charakteristische „Kopfüber" — Ruhestellung nur selten zeigt.

Dieser Fisch fällt durch seine kontrastreiche Zeichnung und die charakteristische Torpedo-Form auf.

Große Fischarten

Große Fische produzieren beträchtliche Mengen an Abfallstoffen, die ohne ausreichende Filterung das Wasser eintrüben und die Wasserwerte verschlechtern können. Große Außenfilter mit mechanischen Filtermedien wie etwa Schwämmen, die Schmutzpartikel fangen und entfernen, sind unverzichtbar. Regelmäßige große Wasserwechsel in Verbindung mit der Reinigung des Bodengrunds können eventuell erforderlich sein, um die Nitratwerte gering zu halten, weshalb ein Abstellbereich, in dem Wasser für das Aquarium aufbereitet werden kann, von Vorteil ist.

▶ *Der runde Körper des Silberdollars (Metynnis argenteus) macht ihn zu einem sehr präsenten Aquarienbewohner. Eine Gruppe Silberdollars lässt sich sehr gut mit anderen großen, friedlichen Fischen und sogar mit einigen größeren Buntbarschen vergesellschaften. Silberdollars ernähren sich rein vegetarisch – füttern Sie ihnen also Pellets, pflanzliches Flockenfutter, Algenchips, Kopfsalat, Salatgurken und Pflanzenteile.*

In Laichbereitschaft wird die Flossenfärbung intensiver und auf dem Körper kann eine Musterung erscheinen.

◀ *Der Keilfleckbuntbarsch (Uaru amphiacanthoides) ist ein liebenswerter Kerl und lässt sich leicht in Gruppen halten. Ein Schwarm freut sich über zusätzliche Pflanzen und Salatblätter und wird diese rasch auffressen. Dies ist ein Jungfisch.*

▶ Der Pfauenaugenbuntbarsch (Astro-
notus ocellatus) ist wohl der be-
kannteste und beliebteste große
Buntbarsch. Seinen Besitzer
erkennt er bald. Er wird 25
bis 40 Zentimeter lang und
kann in einem Artenbecken
oder mit einem großen gepanzerten
Wels (Harnischwels) als Restevertilger
gehalten werden. Verwenden Sie große, fest
angebrachte Dekorationsgegenstände und einen
Heizerschutz. Kleben Sie kleinere Gegenstände mit
Silikon fest, damit die Fische diese nicht verschieben
oder beschädigen können.

◀ Der ausgewachsene Augenfleckbuntbarsch (Heros severus) ist eine
anmutige Erscheinung in größeren Becken. Er wird recht selbstsicher, auch
wenn die Jungfische in einer neuen
Umgebung zunächst scheu und nervös
sind. Eine Gold-Variante ist beliebt,
erwachsene wildfarbene Fische sind
jedoch interessanter gezeichnet.

▶ Mit eindrucksvollen 40
Zentimetern Länge braucht der
Langnasen-Distichodus (Distichodus lusosso) ein großes
Aquarium. In Freiheit frisst
er Algen von Felsen. Eine
helle Aquarienbeleuch-
tung fördert das Wachstum
dieses vegetarischen Futters.

▶ D. sexfasciatus sieht sehr ähnlich aus, kann jedoch aggressiv
sein. Seine Farbe verblasst mit dem Alter. An der Schnauzenform
kann man die beiden Fische auseinanderhalten.

Bodenfische

Bodenfische spielen im Aquarium eine wichtige Rolle. Sie beleben nicht nur die untere Becken-region, sondern tragen durch das Gründeln auch zur Sauberhaltung des Beckens bei, indem sie Futterreste beseitigen und den Kies durchwühlen, was Algenbildung verhindert. Verwenden Sie keinen scharfkantigen Kies – dieser kann empfindliche Teile des Mauls beschädigen – und füttern Sie Bodenfischen absinkendes Futter, da diese Fische nicht ausschließlich von Resten leben können. Um sich wohlzufühlen, brauchen Bodenfische ein paar höhlenartige Verstecke und einige Pflanzen.

◀ *Der Indische Streifenwels (Mystus vittatus) ist ein Schwarmfisch. Eine Gruppe von sieben oder acht Exemplaren in einem großen, bepflanzten Aquarium bietet einen eindrucksvollen Anblick.*

Der Indische Streifenwels hat über die gesamte Körperlänge vier charakteristi-sche, breite und dunkel glänzende Längs-streifen, die ihn sehr elegant wirken lassen.

NACKTE WELSE

Mystus vittatus ist ein „nackter Wels", das heißt sein Körper wird nicht von Schuppen oder Knochenplatten geschützt. Die Haut ist recht hart, kann aber von scharfen Objekten leicht zerkratzt oder beschädigt werden. Verwenden Sie nur Beckendekoration und -einrichtung mit abgerundeten Kanten.

Corydoras adolfoi ist nur eine von vielen Cory–Arten, von denen jede eine ganz ei-gene, aufwendige Zeichnung hat.

Corydoras sterbai hat orangefarbene Brustflossen — ein Anzeichen dafür, dass er bei Aufregung Gift absondert.

▶ *Corydoras-Welse sind klein, friedlich, robust und haben Charakter. Halten Sie mindestens drei oder vier pro Art.*

▶ *Der hübsche Smaragdpanzerwels (Brochis splendens) verbringt die meiste Zeit mit der Nase im sandigen Bodengrund auf der Suche nach Futter. Halten Sie die Fische mindestens zu sechst. Jungfische haben eine überdimensionierte Rückenflosse und werden häufig als vermeintliche Segelpanzerwelse importiert.*

▼ *Die Schachbrettschmerle (Botia sidthimunki) ist anpassungsfähig, tagaktiv und gründelt auf dem Bodengrund nach Futter. Diese äußerst geselligen Fische sollte man am besten mindestens zu dritt halten. Bieten Sie ihnen einige Versteckmöglichkeiten und abwechslungsreiches Futter wie absinkende Pellets, Chips und Lebend- oder Frostfutter.*

Der Fisch verdankt seinen Namen den schwarzen Flecken entlang seines Körpers.

▶ *Die Goldringelgrundel (Brachygobius xanthozonus) ist ein auffälliger kleiner Fisch und wird deswegen häufig spontan gekauft. Sie braucht allerdings regelmäßig kleines Futter wie Daphnien, Cyclops und Artemia. Ihr natürlicher Lebensraum ist Brackwasser, weshalb Sie etwas Salz ins Becken geben sollten. Dies kann die Auswahl geeigneter Beckengenossen einschränken.*

Schwarm- und Freiwasserfische

In der Natur haben Fische gute Gründe zusammenzuhalten. Meistens ist es eine gute Strategie, anderen zu folgen, um rasch Nahrung zu finden und Gefahren, wie zum Beispiel Raubfischen, schneller zu entkommen. Im Aquarium besteht ein Schwarm normalerweise aus circa sechs Fischen. Sofern der Platz ausreicht, lässt sich mit einer größeren Anzahl ein noch wirkungsvolleres Bild erzielen. Kleine Schwarmfische zeigen sich nur dann selbstsicher und farbenprächtig, wenn sie die „sicheren" Orte im Aquarium kennen. Sorgen Sie also für dicht bepflanzte Bereiche, Dekorationsgegenstände oder Versteckmöglichkeiten.

* Andere Arten sehen Schwarmfische als Zeichen dafür an, dass sie gefahrlos ins freie Wasser schwimmen können. Sie registrieren gesteigerte Aktivität, die auf Fütterungszeiten hindeuten kann.

▼ Bei günstigen Wasserbedingungen (weich und leicht sauer) ist der Kopf des Rotkopfsalmers (Hemigrammus bleheri) leuchtend rot gefärbt, und auf der Schwanzflosse zeigen sich charakteristische Streifen. Halten Sie diese friedlichen Fische mindestens zu fünft. Obwohl sie Versteckmöglichkeiten zwischen Pflanzen zu schätzen wissen, halten sie sich auch im freien Wasser auf.

▶ Der Kupfersalmler (Hasemania nana) eignet sich hervorragend als Gesellschaftsfisch, besonders in neuen Aquarien. Er ist robust und anpassungsfähig und ermutigt als selbstsicherer Freiwasserschwimmer vorsichtigere, scheue Fische dazu, sich hinauszuwagen.

▶ Halten Sie Filigran-Regenbogenfische (Iriatherina werneri) mindestens zu fünft. Die Männchen sind farbenprächtiger und mit 5 Zentimetern Länge größer als die Weibchen und haben lange, fadenförmig ausgezogene Rücken- und Afterflossen, mit denen sie sich gegenseitig imponieren. Diese attraktiven Fische eignen sich gut für ein kleineres Aquarium.

◀ Über die Schwanzflosse des klobig wirkenden Rotaugen-Moenkhausia (Moenkhausia sanctaefilomenae) läuft ein charakteristisches schwarzes Band. Seine Schuppen haben dunkle Ränder, was ihm ein gepanzertes Aussehen verleiht. Er schwimmt sowohl in Oberflächennähe als auch in der mittleren Beckenregion und liebt den Schutz dicht bepflanzter Aquarien. Halten Sie einen Schwarm von fünf bis sechs Fischen.

▶ Der bei Hobby-Aquarianern noch nicht allzu lange bekannte Glühlichtbärbling (Danio choprae), wird immer beliebter. Glühlichtbärblinge sind aktive Schwarmfische, die sich in Oberflächennähe aufhalten. Die Zeichnung ist auffällig leuchtend orangerot, zumal der Fisch nur etwa 3,5 Zentimeter lang wird.

Oberflächenfische

In der Natur ist an der Wasseroberfläche viel Futter zu finden. Dort fallen Käfer und Insekten sowie Früchte und Samen überhängender Pflanzen ins Wasser. Die meisten Oberflächenfische leben in bewachsenen Regionen wie Bachufern oder seichten Uferzonen größerer Flüsse. In Aquarien ohne Versteckmöglichkeiten in Oberflächennähe können sie daher in Stress geraten. Schwimmpflanzen, hohe Pflanzen und hohe Moorkienholzstücke bieten gute Verstecke. Oberflächenfische brauchen unbedingt schwimmendes Futter, da nur die wenigsten zum Fressen nach unten schwimmen. Obwohl sie an der Oberfläche leben, dauert die Nahrungsaufnahme oft lange – sorgen Sie deshalb dafür, dass die Fische genügend Futter abbekommen, indem Sie es entweder großflächig verstreuen oder die anderen Fische mit absinkendem Futter ablenken.

▲ *Der Silberbeilbauchfisch (Gasteropelecus sternicla) wird oft mit dem Platinbeilbauchfisch, dessen Halsregion höher ist, verwechselt. Silberbeilbauchfische sind robust und wenn ein paar geeignete Verstecke vorhanden sind, werden sie selbstsichere, manierliche Fische.*

GUTE SPRINGER

Seine eigenartige Form verdankt der Beilbauchfisch einem vergrößerten Muskel, der es ihm ermöglicht, aus dem Wasser zu springen und so einige Meter zurückzulegen, um Gefahren zu entgehen. Wegen dieser ausgeprägten Fluchtreaktion bleiben Beilbauchfische immer in Oberflächennähe. Ein gut schließender Deckel ist erforderlich, um zu verhindern, dass sie aus dem Becken springen.

▶ *Der Schwarzschwingen-Beilbauchfisch (Carnegiella marthae) ist ruhig und friedlich und belästigt andere Fische nicht, was ihn zur idealen Ergänzung im Gesellschaftsaquarium macht. Halten Sie diese Schwarmfische mindestens zu dritt.*

Der Schwarzschwingen-Beilbauchfisch hält sich ständig an der Wasseroberfläche auf. Er ist im Aquarium deshalb immer sichtbar.

◀ Der Halbschnabelhecht (Dermogenys pusilla) erweist sich in Gesellschaft ähnlich großer Fischen als friedlicher Beckengenosse. Füttern Sie Moskitolarven, Fruchtfliegen und anderes Lebendfutter. Er frisst auch Flocken- und Frostfutter, jedoch nicht vom Beckenboden.

▼ Der Streifenhechtling (Aplocheilus lineatus) ist ein pflegeleichter Oberflächenfisch mit einem großen, breiten Maul, das scheint, als würde es ständig lächeln. Er fühlt sich im oberen Bereich des Aquariums wohl und bringt Farbe und Leben zwischen die Schwimmpflanzen.

▲ Etliche der an der Oberfläche lebenden Killifische, darunter auch A. lineatus, haben eine glänzende Schuppe auf dem Kopf ausgebildet. Von dieser Schuppe angelockte Fliegen und Insekten sind ein schneller Imbiss.

Die äußere Erscheinung des Schmetterlingsfisches macht seinem Namen alle Ehre.

◀ Sein gerader Rücken, das nach oben gerichtete Maul und die hervorragende Tarnung ermöglichen dem Schmetterlingsfisch (Pantodon buchholzi) die erfolgreiche Jagd auf kleine Oberflächenfische. Halten Sie eine Gruppe von drei bis sechs Exemplaren in einem dicht bepflanzten Aquarium zusammen mit ähnlich großen Boden- und Freiwasserfischen.

Beliebte Fische

Zahlreiche Zierfischarten erfreuen sich bei Hobby-Aquarianern großer Beliebtheit. Sie sind das ganze Jahr über in jedem Geschäft erhältlich und ziehen die Blicke von Neulingen durch ihre leuchtenden Farben auf sich. Diese Fische eignen sich jedoch nicht immer für Anfänger, und viele von ihnen leiden unter Problemen, die durch intensive Zucht in Gefangenschaft oder durch Linienzucht zur Erzeugung neuer Farbvarianten verursacht wurden. Solche Fische verleiten zu Spontankäufen, dennoch sollten Sie sich zuvor immer kundig machen. Selbst der allseits bekannte Guppy hat im Gesellschaftsaquarium seine Schwierigkeiten.

▶ *Der Zwergfadenfisch (Colisa lalia) ist einer der beliebtesten und attraktivsten Aquarienfische. Im Handel sind mehrere Farbvarianten erhältlich, deren rote und blaue Färbung deutlich intensiver ausfällt als bei Wildfängen.*

Die rote Variante des Zwergfadenfisches hat nur wenig Ähnlichkeit mit der gestreiften Wildform.

Männlicher kobaltblauer Zwergfadenfisch

Weiblicher kobaltblauer Zwergfadenfisch

▶ *Wenn er sich in einem gut eingefahrenen Aquarium mit guten Wasserbedingungen einge-lebt hat, erweist sich der Neonsalmler (Parachei-rodon innesi) als widerstandsfähig und robust. Eine große Gruppe bietet den schönsten Anblick. Vergesellschaften Sie diese kleinen Salmler nicht mit Fischen, die groß genug sind, um sie zu fres-sen, sondern mit anderen friedlichen Arten.*

Bei guter Beleuchtung schimmern die Schuppen der Neons.

* *Die meisten Neons stammen aus Massenzuchten und sind dadurch bedingt oft kränklich. Achten Sie beim Kauf dieser Fische auf kräftige Färbung und gute körperliche Ver-fassung.*

◀ Der Rote Neon (Paracheirodon axel-rodi) unterscheidet sich vom Neonsalmler durch die roten und blauen Streifen entlang seines gesamten Körpers. In den letzten Jahren ist er die beliebtere Alternative zum Neonsalmler geworden. Gesunde Rote Neons können widerstandsfähiger sein als manch kränklicher Neonsalmlerschwarm.

* Rote Neons wirken am besten in großen Gruppen von zehn bis 20 oder mehr Fischen, vorausgesetzt, sie haben genügend Platz.

▶ Der hübsche Schmetterlings-buntbarsch (Microgeophagus ra-mirezi) ist selbst in der Laichzeit ein friedlicher Fisch. Um lange zu leben und sich fortzupflanzen, braucht er sehr weiches, leicht saures Wasser. Private Nach-zuchten sind teurer, aber die Mehrausgabe lohnt sich.

Männchen

Weibchen

◀ Die Beliebtheit des Pur-purprachtbarsches (Pelvica-chromis pulcher) ist nicht schwer zu erklären. Er ist ein kleiner, farbenprächtiger, recht friedlicher Buntbarsch, dessen Haltung und Zucht einfach ist. Er betreibt meh-rere Monate lang ausge-zeichnete Brutpflege.

Beliebte Fische

Die meisten beliebten Fischarten stammen aus Nachzuchten und sind an die örtlichen Wasserbedingungen des Händlers gewöhnt. Sie brauchen daher keinerlei spezielle Voraussetzungen. Während die meisten von ihnen lieber in Gruppen leben, sind einige, beispielsweise der Feuerschwanz-Fransenlipper, Einzelgänger. Halten Sie niemals zwei zusammen, weil dies zu ständigen Revierkämpfen führen wird. Die meisten beliebten Fischarten sind recht friedlich, Sie sollten das jedoch nicht voraussetzen. Lebendgebärende, wie Guppys und Mollys, sollte man im Verhältnis zwei Weibchen pro Männchen halten, um übermäßige Belästigung der Weibchen zu verhindern, während Buntbarsche, wie der Purpurprachtbarsch und der Schmetterlingsbuntbarsch, am besten paarweise gehalten werden.

MÖGLICHE PROBLEME

Obwohl die Haltung und Zucht von Guppys in einem gut gepflegten Aquarium leicht ist, stammen die meisten im Handel erhältlichen Exemplare aus intensiven Zuchten, was sie anfällig für Krankheiten macht. Auch werden ihre langen Flossen von manchen Fischen gern angenagt. Dies schränkt die Auswahl an Beckengenossen ein.

▶ *Der Guppy (Poecilia reticulata) ist ein lebhafter, farbenprächtiger und friedlicher Gesellschaftsfisch. Wegen der gesprenkelten Zeichnung heißt die hier abgebildete Variante Mosaik- oder auch Leopard-Guppy.*

Weibchen

Männchen

◀ *Der Black Molly (Poecilia spheops) ist ein lebhafter Bewohner der mittleren und oberen Wasserregion eines geräumigen Gesellschaftsbeckens. Aufgrund seiner Gelassenheit lässt er sich mit allen anderen friedlichen Fischen vergesellschaften. Er braucht ein dicht bepflanztes Becken und mittelhartes Wasser mit einem pH-Wert zwischen 7 und 7,4.*

◀ Der junge Feuerschwanz-Fransenlipper (Epalzeorhynchos bicolor) ist aktiv, gesellig und friedlich, entwickelt sich aber schnell zu einem aggressiven, territorialen Tyrannen. Mit großen und robusten Beckengenossen wie mittelgroßen bis großen Barben, Regenbogenfischen und Buntbarschen kann er jedoch ein Aquarium bereichern.

Wenige Fische haben so stark kontrastierende Farben wie der Feuerschwanz mit seinem pechschwarzen Körper und der leuchtend roten Schwanzflosse.

▶ Der Glühlichtsalmler (Hemigrammus erythrozonus) ist widerstandsfähig, friedlich und klein und erfüllt damit alle Kriterien für einen kleinen Gesellschaftsfisch. Halten Sie mindestens fünf dieser attraktiven Fische. Regelmäßige Fütterung hält sie top in Form, und dunkle Dekoration bringt ihre leuchtenden Farben zur Geltung.

Eingewöhnte Sumatrabarben haben eine klar abgegrenzte Zeichnung und leuchtend rote Flossenränder.

◀ Die Sumatrabarbe (Puntius tetrazona tetrazona) ist eine äußerst beliebte mittelgroße Barbe mit hohem Rücken. Infolge extensiver Massenzucht ist es schwierig, Fische zu finden, die so klar abgegrenzte Streifen aufweisen wie die Wildform. Halten Sie mindestens sechs Sumatrabarben, damit diese genug Ablenkung haben und anderen Fischarten nicht die Flossen abfressen.

Aktive Fische

Während ruhig schwimmende, friedliche Arten ein entspannender Anblick sein können, bieten aktive, dynamische Fische im Aquarium ein anregenderes Bild. Fast alle aktiven Fischarten sind Schwarmfische, die auf der Suche nach Nahrung ständig hintereinander herschwimmen, was so aussieht, als würden sie spielen. Häufig kennen sie ihren Halter und kommen aufgeregt an die Vorderseite des Aquariums, wenn sie glauben, es könnte Futter geben. Nicht alle Fische fühlen sich in einem solch hektischen Umfeld wohl, deshalb sollte man aktive Arten am besten mit Fischen ähnlicher Natur vergesellschaften.

◀ Die Denisonbarbe (Puntius denisonii) fällt im Aquarium durch ihre markante Färbung auf. Wenngleich sie teuer sein kann und ein geräumiges Becken braucht, ist sie ein hervorragender aktiver Aquarienfisch.

▶ Die pflegeleichte Prachtbarbe (Puntius conchonius) ist langlebig und robust. Es gibt eine normale und eine langflossige Variante. Über dunklem Bodengrund kommen die Farben des Fisches am besten zur Geltung. Halten Sie mindestens zwei Exemplare, idealerweise jedoch einen kleinen Schwarm, in einem bepflanzten Becken.

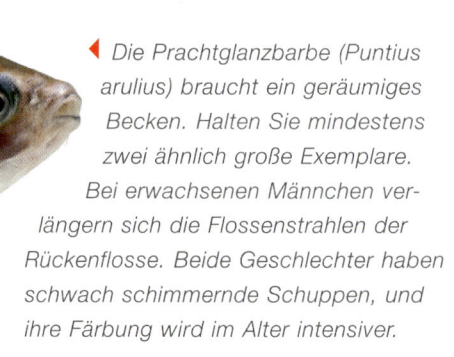

◀ Die Prachtglanzbarbe (Puntius arulius) braucht ein geräumiges Becken. Halten Sie mindestens zwei ähnlich große Exemplare. Bei erwachsenen Männchen verlängern sich die Flossenstrahlen der Rückenflosse. Beide Geschlechter haben schwach schimmernde Schuppen, und ihre Färbung wird im Alter intensiver.

▶ Kongosalmler (Phenacogrammus interruptus) sind Schwarmfische, die sich in größeren Becken ausgezeichnet mit mittelgroßen Fischen vergesellschaften lassen. Sie halten sich gern in freien Flächen in der mittleren und oberen Beckenregion auf. Halten Sie mindestens fünf und vermeiden Sie aggressive Beckengenossen.

Die schimmernden Blau- und Gelbtöne sind bei eingewöhnten Exemplaren am ausgeprägtesten.

Männliche Kongosalmler haben lange, ausgefranste, wallende Flossen.

Goldener Malabarbärbling

Der stromlinienförmige, torpedoartige Körper zeigt, dass es sich um einen schnell schwimmenden Fisch handelt.

Malabarbärbling

▲ Der Malabarbärbling (Danio aequipinnatus) ist mit bis zu 12 Zentimetern Länge eine der größten leicht erhältlichen Danio-Arten. Dieser robuste und anpassungsfähige Fisch lässt sich gut mit lebhaften Fischen ähnlicher Größe vergesellschaften. Vermeiden Sie empfindliche Beckengenossen, da er ständig in Bewegung ist.

* Achten Sie beim Kauf von Malabarbärblingen darauf, dass die Maulform in Ordnung ist, da Jungfische sich leicht erschrecken, dabei häufig gegen die Scheibe stoßen und sich am Maul verletzen.

Aktive Fische

Zahlreiche aktive Fischarten sind von Natur aus widerstandsfähig, da sie aus schnell fließenden Gewässern stammen, deren Wasserbedingungen sich mit den Jahreszeiten oder im Tagesverlauf verändern können. Sie sind in der Lage, sich ziemlich gut an unterschiedliche pH-Werte und Wasserhärtegrade anzupassen, brauchen aber auch gute Filterung und Belüftung und im Idealfall Bereiche mit Strömung. Da aktive Fische unordentliche Fresser sind, sollten Sie „Putzfische" dazusetzen, die die Reste vertilgen. Die meisten Schmerlen eignen sich sehr gut für diesen Zweck, weil sie ebenfalls lebhafter Natur sind.

◀ *Obwohl er nicht gerade farbenprächtig ist, bringt der Dreilinienbärbling (Rasbora trilineata) mit seiner markant gezeichneten Schwanzflosse Bewegung und Abwechslung in ein Gesellschaftsaquarium mit ähnlich großen Beckengenossen.*

▶ *Der Zebrabärbling (Danio rerio) ist robust, friedlich und selbstsicher und wird daher oft als Anfängerfisch empfohlen. Eine Gruppe von mindestens vier Fischen bringt eine Menge Bewegung ins Aquarium und belebt jedes Becken.*

Dies ist ein normaler Zebrabärbling. Langflossige und Albino-Varianten sind ebenfalls häufig.

◀ *Manche sehen den Leopardbärbling als eigenständige Art (Danio „frankei") an, andere halten ihn für eine Farbvariante des Zebrabärblings. Beide eignen sich optimal für kleine Gesellschaftsaquarien.*

◀ Die Zebraschmerle (Botia striata) ist aktiv und munter, was sie zu
einem interessanten Fisch für das
Gesellschaftsbecken macht. Halten
Sie mindestens drei dieser friedlichen, sehr geselligen Fische. Weil
sie permanent gründeln, muss der
Bodengrund sandig oder eben sein,
um die empfindlichen Barteln nicht
zu beschädigen.

▲ Bieten Sie dem auffälligen Engelantennenwels (Pimelodus pictus) reichlich
Schwimmfläche, damit er sich frei bewegen
kann – so können Sie ihn in voller Aktivität
bewundern. Außer dem silbernen Körper,
den schwarzen Flecken und den eleganten
Streifen hat dieser Fisch sehr lange Barteln,
die er permanent einsetzt, um sich seinen
Weg zu erfühlen.

* Aktive Fische brauchen nicht nur
reichlich freie Schwimmflächen, sondern
mögen auch eine abwechslungsreiche
Umgebung. Richten Sie also im hinteren Teil und an den Seiten des Aquariums Bereiche mit robuster Bepflanzung ein.

◀ Der Diamantregenbogenfisch (Melanotaenia
praecox) ist als friedlicher, aktiver Schwarmfisch
optimal für ein kleineres Gesellschaftsaquarium
geeignet. Halten Sie mindestens ein Pärchen, eine
Gruppe von fünf Fischen bietet allerdings einen
noch farbenprächtigeren Anblick. Männchen haben
rote Flossen und ihr Körper schimmert bläulich,
während Weibchen silbern mit gelborangefarbenen
Flossen sind.

Charakterfische

Aquarienanfänger sind oft überrascht von den vielfältigen Wesenszügen und Verhaltensweisen der Aquarienfische. Ein „Charakterfisch" wird häufig zum Liebling seines Besitzers und zu dem Fisch, der den meisten Besuchern auffällt. Solche Fische sind beispielsweise besonders lebhaft, neugierig oder haben ungewöhnliche körperliche Eigenschaften. Die ungewöhnlichen Schwimmgewohnheiten des Rückenschwimmenden Kongowelses und des Punktierten Kopfstehers, die ausgezeichnete Orientierung des Blinden Höhlensalmlers und die fantastische Färbung und Beflossung des Siamesischen Kampffisches sind Eigenschaften, die aus der Aquaristik ein solch interessantes Hobby machen.

▶ *Mit seinen herrlichen Farben und wallenden Flossen ist der beliebte Siamesische Kampffisch (Betta splendens) ein interessanter Bewohner eines Gesellschaftsaquariums mit kleinen, friedlichen Beckengenossen, die nicht an den Schleierflossen des Männchens nagen.*

EIN MÄNNCHEN PRO BECKEN

Männliche Siamesische Kampffische (Betta splendens) sind normalerweise recht friedlich. Treffen sie jedoch auf ein anderes Männchen, kommt es zum Kampf. Sie sollten deshalb niemals mehr als ein Männchen pro Becken halten. Ein Pärchen oder ein Männchen mit mehreren Weibchen ist je nach der Größe des Beckens ideal.

* *Wie alle Anabantoidei hat auch der Siamesische Kampffisch ein zusätzliches Atemorgan (Labyrinthorgan), das es ihm ermöglicht, an der Wasseroberfläche Luft zu atmen.*

▶ *Aufgrund seiner schlechten Augen verlässt sich der Gemalte Schwielenwels (Megalechis thoracata) auf seine sensiblen Barteln, um seine Umgebung zu erkunden. Dies tut er permanent und geht anderen Fischen damit teilweise auf die Nerven. Seine Betriebsamkeit ist es, die das Beobachten dieses Fisches so interessant macht.*

*Viele Synodontis-Arten werden als „Rückenschwimmer" bezeichnet — diese hier gilt jedoch als das Original, das bereits auf altägyptischen Wandreliefs abgebildet wurde.

◀ Die Rückenlage ermöglicht dem Rücken-schwimmenden Kongowels (Synodontis nigriventis) in freier Wildbahn die Aufnahme von Moskitolarven, die sich an der Wasser-oberfläche oder unter überhängenden Blät-tern und Unterwasserpflanzen scharen. Im Aquarium nimmt er Tabletten-, Flocken- und Frostfutter sowie rote Mückenlarven, Daph-nien und Moskitolarven.

▶ Obwohl er nichts sieht, bedient sich der Blinde Höhlensalmler (Astyanax mexicanus) zur Nahrungssuche und Orientierung hoch-entwickelter Sinne, die auch bei anderen amerikanischen Salmlern vorhanden sind. In seinem natürlichen Lebensraum, den Höhlen, muss der Fisch nichts sehen, den-noch hat die Brut interessanterweise voll funktionsfähige Augen, die jedoch bald zu-wachsen.

Mit Haut bedeckte, sehtüch-tige Augen

◀ Der Punktierte Kopfsteher (Chilodus punctatus) verdankt seinen Namen seiner „Kopfüber"-Ruheposition. Halten Sie eine kleine Gruppe dieser friedlichen und etwas scheuen Fische zusammen mit anderen friedlichen Arten und füttern Sie ihnen auch etwas pflanzliche Nahrung.

CHARAKTERFISCHE

Charakterfische

Ungewöhnliche Fische entstehen in der Natur dann, wenn spezifische Lebensräume ihre Evolution beeinflussen. Dies hat zur Folge, dass sie im Aquarium häufig spezifische Bedürfnisse haben. Daher sollten Sie sich den Kauf eines Charakterfisches immer gut überlegen und sich zuvor kundig machen. Diskusfische brauchen beispielsweise spezifische Wasserbedingungen und hochwertiges Quellwasser, für Prachtschmerlen und Gefleckte Dornaugen ist weicher, sandiger Bodengrund erforderlich, und Indische Glaswelse brauchen fließendes Wasser. Es gibt für jedes Aquarium einen Charakterfisch, der gut mit den anderen Bewohnern harmoniert – vorausgesetzt, seine Bedürfnisse wurden bei der Auswahl berücksichtigt.

▶ *Durch gezielte Zucht und Kreuzung sind unzählige Varianten des Diskusfisches (Symphysodon aequifasciatus) entstanden. Richten Sie ein Becken mit Moorkienholz und gut angewachsenen, großen Pflanzen ein, die Schatten spenden. Halten Sie die Wassertemperatur bei 25 bis 28 Grad Celsius und geben Sie den Fischen Futter für omnivore oder karnivore Fische, einschließlich Flockenfutter.*

Diskus „Blue Diamond" (links) und „Marlboro Red" sind nur zwei von zahlreichen attraktiven Varianten.

▶ *Eingewöhnte Prachtschmerlen (Chromobotia macracanthus) sind aktiv und lebhaft, was sie zu hervorragenden Beckengenossen für andere robuste Fische macht. Halten Sie mindestens drei, idealerweise jedoch fünf oder mehr. Prachtschmerlen werden 20 Zentimeter lang und brauchen daher ein großes Becken. Wie andere Schmerlen auch ruhen sie manchmal in Seitenlage.*

◀ In Verkaufsbecken mit wenigen Verstecken schwimmt das Gefleckte Dornauge (Pangio kuhlii) aktiv herum und vergräbt sich im Bodengrund. Hat es sich jedoch im heimischen Aquarium einmal eingewöhnt, bleibt es die meiste Zeit unsichtbar und kommt nur zur Fütterungszeit gelegentlich hervor.

Dieser Fisch vergräbt sich gern und sollte daher mit weichem oder nicht scharfkantigem Bodengrund gehalten werden, damit er seine Barteln nicht beschädigt.

◀ Eines der kleinen Wunder der Natur ist der Schützenfisch (Toxotes jaculatrix). Er verdankt den umgangssprachlichen Namen seiner Fähigkeit, Insekten mithilfe eines perfekt gezielten Wasserstrahls aus dem Maul von überhängenden Ästen herabzuschießen. Im Aquarium können diese Fische bis zu 25 Zentimeter lang werden und brauchen deshalb ein großes Becken. Sie bevorzugen Brackwasser.

▶ Ein durchsichtiger Körper ist nicht jedermanns Geschmack, der Indische Glaswels (Kryptopterus bicirrhis) ist allerdings ein einzigartiger und beachtenswerter Fisch. Halten sie eine Gruppe dieser scheuen Fische und sorgen Sie für eine abwechslungsreiche Ernährung mit Flocken-, Lebend- oder Frostfutter.

Algenfresser

Fische, die im Aquarium Algen entfernen, sind zweifelsohne sehr nützlich und werden oftmals nur zu diesem Zweck gekauft, ohne dass ein Gedanke an ihre spezifischen Bedürfnisse oder ihren Beitrag zur Gesellschaft als eigenständige, interessante Art verschwendet wird. So mancher Aquarianer kennt die Schwierigkeiten im Zusammenhang mit dem De-facto-Algenfresser, dem Saugmaulwels, der aus den meisten Aquarien bald herauswächst und zu einer zerstörerischen Plage wird. Alle hier vorgestellten Algenfresser verrichten ihre Arbeit und sind zudem Fischarten, deren Haltung lohnenswert und unkompliziert ist.

*Erwachsene Männchen haben längere, sich verzweigende, weiche Borsten entlang der Mitte und an den Seiten des Kopfes. Es heißt, dass Weibchen sich mit demjenigen Männchen paaren, das die besten Borsten hat.

▲ Der Bürstennasenwels (Ancistrus spec.) weidet sowohl an der Glasscheibe als auch an weichem Moorkienholz.

Das Maul eignet sich sowohl zum Festsaugen als auch zum kräftigen Raspeln. So können Welse in schnell fließendem Wasser Algen abweiden, während sie sich an Gegenständen festhalten.

◀ Der Zierbinden-Zwergschilderwels (Peckoltia vittata) ist mit 10 Zentimetern Länge der ideale Saugwels für alle bis auf die kleinsten Aquarien. Er weidet jegliche Algen von Pflanzenblättern und Dekoration und frisst auch Tablettenfutter, Futterchips und frisches Grünfutter. Richten Sie im Aquarium einige Verstecke ein.

◀ Ohrgitterharnischwelse saugen sich selbst an kleinsten Pflanzenblättern oder an der Glasscheibe fest und weiden so jegliche Algen (ausgenommen Blaualgen und Pinselalgen) im gesamten Aquarium ab. Da sie ständig auf der Suche nach Futter sind, müssen unbedingt Algentabletten und -chips zugefüttert werden, wenn die natürlichen Algenbeläge abnehmen.

Ohrgitterharnischwelse halten Algen in allen Beckenregionen unter Kontrolle.

▼ Die stockähnliche Körperform und die Färbung schützen wildlebende Nadelwelse (Farlowella acus) vor Räubern. Ihre Beweglichkeit ist durch panzerartige Schuppen entlang des Körpers eingeschränkt, und sie schwimmen niemals weite Strecken. Füttern Sie diesen Algenfressern Tabletten und Chips in einigem Abstand von Bereichen, in denen andere Fische Flockenfutter fressen.

▼ Kein Algenfresser eignet sich besser für bepflanzte Aquarien als die Algengarnele (Caridina japonica). Eine Gruppe dieser Garnelen befreit auch die kleinsten Winkel von Algen, ohne dabei empfindliche Pflanzen zu beschädigen. Sie entfernen sogar Haar-, Pinsel- und Blaualgen, die von den meisten Algenfressern verschmäht werden.

ALGENFRESSER

Algenfresser

Viele algenfressende Fische brauchen weiches Wasser, um sich wohlzufühlen. Treffen Sie Ihre Wahl also sorgfältig, wenn Sie ein Aquarium mit hartem Wasser haben. Ansonsten stellen diese Fische mehr Ansprüche an die Aquariendekoration denn an die Wasserbedingungen. Für zahlreiche Algenfresser ist Moorkienholz unentbehrlich. Einige mögen kein helles Licht und verstecken sich darunter; von ebensolcher Bedeutung ist aber auch, dass das Abweiden von Moorkienholz die natürliche Verdauung mancher Algenfresser fördert. Auch Pflanzen sind willkommen. Kleinere Algenfresser beschädigen die Blätter beim Weiden nicht, und für größere Exemplare kann man robustere Pflanzen einsetzen.

◀ *Auch wenn sich junge Siamesische Saugschmerlen (Gyrinocheilus aymonieri) einigermaßen benehmen können, jagen und tyrannisieren erwachsene Exemplare schwächere Fische. Dennoch eignen sie sich für Gesellschaftsbecken mit größeren, robusten Fischen wie größeren Buntbarschen und Barben. Halten Sie nur eine pro Becken, da sie miteinander kämpfen.*

VERWECHSLUNGSGEFAHR

Der Siamesischen Rüsselbarbe sehen etliche Arten, darunter die Schönflossige Rüsselbarbe, ähnlich. Diese ist aber weder so friedlich noch ist sie ein guter Algenfresser. Die Siamesische Rüsselbarbe erkennt man an ihrem gedrungeneren Körper, den schärfer abgegrenzten Schuppen und dem einzelnen schwarzen Streifen, der bis in die Schwanzflosse verläuft.

* Nahe verwandte Fische, darunter Fransenlipper, Saugschmerlen und Rüsselbarben, zanken sich häufig. Hält man mindestens fünf dieser Fische, verlaufen die Auseinandersetzungen in der Regel jedoch harmlos.

▶ *Die Siamesische Rüsselbarbe (Crossocheilus siamensis) ist ein sehr guter Algenfresser und vertilgt sogar faserige Haar- und Pinselalgen, die von den meisten anderen Algenfressern verschmäht werden. Ihre Aktivität macht sie im Gesellschaftsaquarium zu einem guten Beckengenossen für andere recht große, robuste Fische.*

◀ Wenngleich er ein guter Algenfresser ist, kann der Grüne Fransenlipper (Epalzeorhynchos frenatum) empfindliches Blattwerk beschädigen. Sorgen Sie für abwechslungsreiche Nahrung wie absinkende Pellets, Algenchips, Lebend- und Frostfutter. Der Grüne Fransenlipper ist im Gesellschaftsaquarium eine gute Alternative zum Feuerschwanz-Fransenlipper.

▶ Es gibt über 40 Arten von Gebirgsharnischwelsen (Chaetostoma spec.), die nur schwer auseinanderzuhalten sind. Die meisten werden zwischen 10 und 15 Zentimeter lang und fühlen sich in Aquarien mit guter Filterung und Strömung wohl. Gebirgsharnischwelse lieben es, Algen von glatten Steinen abzuweiden und verstecken sich gern in aus Steinen oder Holz gebauten Höhlen.

◀ Leveretts Flossensauger ist ein sehr interessanter kleiner Algenfresser, der perfekt dafür gebaut ist, sich in schnell fließenden Gewässern an Objekten festzusaugen. Um diesen Fischen gerecht zu werden, braucht ein Aquarium reichlich Strömung, weshalb eine zusätzliche Pumpe sinnvoll ist. Füttern Sie Algenchips und kleines Frost- oder Lebendfutter.

Malawisee-Buntbarsche

Unter den Malawisee-Buntbarschen finden sich einige der schönsten Aquarienfische. Bei der Färbung dominieren leuchtendes Gelb und intensives Blau. Diese Buntbarsche lassen sich grob in zwei Gruppen unterteilen: im freien Wasser lebende Arten und zwischen Felsen lebende Mbuna. Letztere sieht man in Aquarien am häufigsten. Mbuna sind von Natur aus aggressiv und territorial und lassen sich, mit Ausnahme weniger Wels-Arten, nicht mit anderen Aquarienfischen vergesellschaften.

▶ *Seinen umgangssprachlichen Namen verdankt der Blaue Delfinbuntbarsch (Cyrtocara moorii) der delfinähnlichen Kopfform. Dieser Bodenfisch kommt in einem Malawibecken gut mit anderen Boden- oder Freiwasserfischen zurecht, nicht jedoch mit den wesentlich aggressiveren Felsenbuntbarschen, den Mbuna. Halten Sie höchstens ein Männchen mit so vielen Weibchen, wie Sie möchten.*

◀ *Der Gestreckte Schabemundmaulbrüter (Labeotropheus trewavasae) zählt zu den Mbuna – so nennen die Einheimischen die farbenprächtigen Felsenbuntbarsche des Malawisees. Halten Sie höchstens ein Männchen zusammen mit einem oder mehreren Weibchen in Gesellschaft mit weiteren Mbuna. Für einen Mbuna ist er recht friedlich, und die Männchen belästigen die Weibchen nur selten.*

▶ *Die Mbuna der Gattung Melanochromis gelten als die aggressivsten Malawisee-Buntbarsche. Halten Sie daher pro Malawi-Gesellschaft nur einen einzigen und setzen Sie diesen nicht ein, bevor das Becken schon gut besetzt ist. In großen Aquarien mit mehr als 150 Zentimetern Länge kann man ein Männchen mit einigen Weibchen halten, in kleineren Becken werden schwächere Weibchen jedoch vom Männchen oder sogar von einem dominanten Weibchen getötet.*

MALAWISEE-BUNTBARSCHE

▶ *In einem großen Becken mit freier Schwimmfläche ist der Pfauenmaulbrüter (Nimbochromis venustus) ein toller Blickfang, er wird allerdings bis zu 25 Zentimeter lang. Da es sich um einen Raubfisch handelt, sollten Sie ihn nicht mit kleineren Fischen vergesellschaften. Halten Sie pro Becken ein Männchen. Weibchen kann man zu mehreren halten.*

Beim männlichen Pfauenmaulbrüter färbt sich das Gesicht intensiv metallicblau, und auf dem Kopf erscheinen leuchtend gelbe Abzeichen.

* Malawisee-Buntbarsche derselben Gattung kreuzen sich leicht, weshalb die meisten im Handel erhältlichen Exemplare wohl keine „echten" Arten sind.

▲ *Der Blaue Malawibuntbarsch (Metriaclima zebra) fühlt sich zwischen ausgedehnten Steinaufbauten mit zahlreichen Höhlen wohl. Vergesellschaften Sie ihn ausschließlich mit anderen Mbuna und füttern Sie diesem Allesfresser reichlich pflanzliche Nahrung und sehr geringe Mengen Trockenfutter, da dieses eine tödliche Erkrankung des Verdauungstrakts verursachen kann.*

DAS AQUARIUM

Um die natürlichen Bedingungen im Malawisee zu simulieren, sollte im Aquarium eine Felslandschaft nachgebildet werden und das Wasser sollte hart und alkalisch sein. Um Aggressionen weitgehend zu verhindern, werden die Becken üblicherweise dicht besetzt, damit die Fische keine Territorien beanspruchen. Dies wiederum erfordert eine starke Filterung und regelmäßige Wasserwechsel, um die in großer Menge anfallenden Abfallstoffe zu bewältigen.

Tanganjikasee-Buntbarsche

Tanganjikasee-Buntbarsche sind friedlicher als Buntbarsche aus dem Malawisee, können sich jedoch zur Laichzeit ebenso territorial verhalten. Sie sollten sie daher nicht mit friedlichen Arten vergesellschaften, sondern lieber in einer Tanganjika-Gesellschaft halten. Im Gegensatz zu den Malawi-Buntbarschen, die sich hauptsächlich von Pflanzen ernähren, brauchen Tanganjika-Buntbarsche eine etwas fleischreichere Ernährung und schätzen die regelmäßige Zugabe von Frostfutter. Wie die Malawi-Buntbarsche bevorzugen diese Fische etwas härteres, alkalisches Wasser.

◀ *Der Nanderbuntbarsch (Altolamprologus compressiceps) ist ein sehr attraktiver kleiner Felsenbuntbarsch, den es in mehreren Farbvarianten gibt. Er ist eher nervös und seinen Ansprüchen an die Wasserchemie und -qualität muss unbedingt Rechnung getragen werden. Füttern Sie diesen Fischfresser in der Morgen- und Abenddämmerung mit rohem Fisch, Krabben, Garnelen, Regenwürmern und Fleischpellets.*

* Tanganjika–Buntbarsche zeigen unterschiedliches Brutverhalten und sind normalerweise ausgezeichnete Eltern. Dies macht sie zu interessanten Fischarten für die Aquarienzucht.

▶ *Der Tanganjika-Beulenkopf (Cyphotilapia frontosa) wird groß – Männchen bis zu 21 Zentimeter, Weibchen bis zu 17 Zentimeter – und frisst seine Beckengenossen. Am besten hält man eine Gruppe oder vergesellschaftet ihn mit anderen großen, relativ friedlichen Tanganjika- oder Malawi-Buntbarschen.*

„Julis" kommen in vielen Teilen des Tanganjikasees vor. Ihr Aussehen ist unterschiedlich — das Foto zeigt die „Kelimi"-Variante.

◀ Wegen ihres attraktiven Aussehens und interessanten Verhaltens sind alle „Julis" – hier Julidochromis transcriptus – bei Aquarianern gleichermaßen beliebt. Sie können rückwärts schwimmen oder auch in Seiten- und Rückenlage, wobei der Bauch dem nächsten Felsen zugewandt ist. Diese kleinen Fische gehören zu den Arten, deren Haltung und Zucht am leichtesten ist.

▶ Der Feenbarsch (Neolamprologus brichardi) ist elegant, leicht erhältlich und pflegeleicht. Halten Sie ein Pärchen oder, wenn das Aquarium groß genug ist, eine kleine Gruppe. Falls die Fische laichen, sollten Sie die Jungen erst dann herausnehmen, wenn diese etwa 2,5 Zentimeter lang sind, da sie beim Bewachen des nächsten Geleges helfen. Erwachsene Fische hören eventuell auf zu laichen, wenn man sie von ihrer Familie trennt.

◀ Männliche und weibliche Tanganjika-Goldcichliden (Neolamprologus leleupi) sind gleichermaßen auffällig gefärbt. Sie sind Höhlenbrüter, und beide Elternteile betreiben Brutpflege. In Becken unter 150 Zentimetern Länge sollten Sie höchstens ein Pärchen halten.

TANGANJIKASEE-BUNTBARSCHE

GESELLSCHAFTSAQUARIEN

In diesem Kapitel wird eine Reihe von Entwürfen für Gesellschaftsaquarien vorgestellt, die Sie vielleicht gern ausprobieren möchten. Es ist wichtig, den Unterschied zwischen „Gesellschaftsfischen" und „Fischgesellschaften" zu kennen. Während manche Fische problemlos in bunt gemischten Gesellschaftsaquarien zusammenleben, können zahlreiche andere die Basis einer Gesellschaft bilden, die durch die Lebensgewohnheiten oder Umweltansprüche der darin lebenden Fische definiert ist.

Jeder Entwurf ist auf eine bestimmte Beckengröße zugeschnitten. Die „Zutaten" sind um das Bild eines Beckens angeordnet. Dazu gehört eine Liste der für dieses Aquarium geeigneten Fische, die auch angibt, wie viele Exemplare das Becken pro Fischart aufnehmen kann, sobald sich das System stabilisiert hat. Von den Bildern der Fische ausgehende Pfeile zeigen auf die Beckenregion, die der betreffende Fisch für sich in Anspruch nimmt. Hinweise zu Pflanzen und Dekoration werden ebenfalls gegeben. So ist jeder dieser Entwürfe ein optischer Leitfaden, der alle Elemente berücksichtigt, die zur Einrichtung eines bestimmten Beckentyps benötigt werden.

Der erste Entwurf zeigt ein „klassisches" Gesellschaftsbecken mit robusten und anpassungsfähigen Fischen, die alle vorhandenen Regionen besiedeln und so pflegeleicht sind, dass Einsteiger Spaß an ihrer Haltung haben werden. Falls Sie zu Hause nur wenig Platz haben, erfahren Sie als nächstes, wie Sie auch ein kompaktes Aquarium so einrichten können, dass ein interessantes und belebtes Bild entsteht. Ein höheres Becken erlaubt die Haltung einer Auswahl friedlicher und ruhig schwimmender Fische und kann mit hoch wachsenden Pflanzen bestückt werden, die den Fischen Zuflucht gewähren. Im Gegensatz dazu kann ein langes Aquarium zahlreiche aktive, schnell schwimmende Fische aufnehmen, die immer für Bewegung im Becken sorgen und einen interessanten Anblick bieten.

Wenn Ihr besonderes Interesse hingegen den Aquarienpflanzen gilt, finden Sie im nächsten Entwurf eine große Auswahl an Pflanzen mit Fischen, die diese nicht beschädigen. Zuletzt wird ein Gesellschaftsbecken für einige der faszinierenden Buntbarsche aus den ostafrikanischen Grabenseen vorgestellt.

▲ *Die meisten Gesellschaftsfische fühlen sich in bepflanzten Becken wohl, wenngleich einige von ihnen Pflanzen beschädigen können.*

Gemischtes Gesellschaftsaquarium

Ein gemischtes Gesellschaftsaquarium beherbergt ein bisschen von allem und eignet sich gut als Einstieg für Aquarienanfänger. Alle in diesem Beispiel vorgestellten Fische sind leicht erhältlich und kommen mit vielen unterschiedlichen Bedingungen zurecht. Dennoch sollten Sie, wie bei jedem Aquarium, die Wasserqualität sorgfältig überwachen. Da die Fische in einer gemischten Gesellschaft unterschiedliche Vorlieben haben können, sollten Sie versuchen, im Becken eine Reihe von Mikro-Lebensräumen zu schaffen, darunter freie und bepflanzte Flächen, Versteckmöglichkeiten, stille Bereiche und Bereiche mit Strömung.

GEEIGNETE PFLANZEN

- Hygrophila spec.
- Cabomba spec.
- Vallisneria spec.
- Alternanthera spec.
- Cryptocoryne spec.

▲ Die lebhafte, friedliche Messingbarbe (Puntius semifasciolatus) wird 10 Zentimeter lang.

▲ Der auffällige Glühlichtsalmler (Hemigrammus erythrozonus) sorgt für Bewegung.

▼ Cabomba (Cabomba caroliniana)

▲ Die Blattunterseite der Alternanthera reineckii ist rotviolett.

▶ Rundliche Kiesel wirken verwittert.

GEEIGNETE FISCHE

- 4 x Messingbarbe (Puntius semifasciolatus)
- 6 x Platy (Xiphophorus maculatus)
- 4 x Eilandbarbe (Puntius oligolepis)
- 6 x Keilfleckbärbling (Trigonostigma heteromorpha)
- 10 x Zebrabärbling (Danio rerio)

- 3 x Zebraschmerle (Botia striata)
- 6 x Glühlichtsalmler (Hemigrammus erythrozonus)
- 2 x Purpurprachtbarsch (Pelvicachromis pulcher)
- 1 x Bürstennasenwels (Ancistrus spec.)
- 6 x Panzerwels (Corydoras spec.)

Beckenmaße:
90 x 45 x 38 cm

▼ *Männlicher Wagtail-Platy (Xiphophorus maculatus)*

▶ *Hygrophila corymbosa ist eine anpassungsfähige Aquarienpflanze.*

▼ *Der farbenprächtige Purpurprachtbarsch (Pelvicachromis pulcher) ist ein beliebter Buntbarsch für das Gesellschaftsbecken.*

◀ *Eingebunden in die Aquarienlandschaft wirkt künstliches Holz natürlich.*

* Lassen Sie sich bei der Auswahl der Dekoration für ein gemischtes Becken Zeit. Es gibt Hunderte von Möglichkeiten.

Ein kleines Aquarium

Kleine Becken können ebenso interessant sein wie große und sind bei begrenzten Platzverhältnissen ideal. Zwar beginnen viele Aquarianer mit kleinen Becken; die Pflege jedoch kann sich schwieriger gestalten als bei größeren Becken, weil Störungen des Aquarienmilieus durch das geringe Wasservolumen noch stärker ins Gewicht fallen. Führen Sie Wartungsarbeiten nach dem Motto „wenig, aber häufig" durch. Echte Pflanzen bieten Ihren Fischen geeigneten Lebensraum.

◀ Der Honig-
gurami (Tricho-
gaster chuna)
schätzt dich-
ten Bewuchs.

GEEIGNETE PFLANZEN

- Kleine Cryptocoryne-Arten
- Salvinia-Arten
- Gelbes Pfennigkraut (Lysimachia nummularia aurea)
- Javamoos (Vesicularia dubyana)
- Hydrocotyle- oder Cardamine-Arten
- Lilaeopsis novae-zelandiae

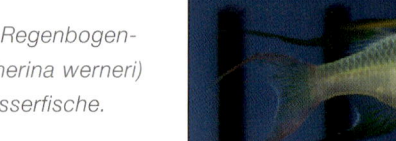

▶ Filigran-Regenbogen-
fische (Iriatherina werneri)
sind Freiwasserfische.

▶ Lilaeopsis novae-zelandiae
begrünt den Vordergrund.

▼ Zwergpanzerwels (Co-
rydoras pygmaeus)

▼ Cryptocoryne wendtii passt
sich an viele Bedingungen an.

◀ Kalkfreier Kies
unterschiedlicher
Körnung

GEEIGNETE FISCHE

- 6 x Filigran-Regenbogenfisch (Iriatherina werneri)
- 2 x Honiggurami (Trichogaster chuna)
- 3 x Bitterlingsbarbe (Puntius titteya)
- 4 x Schönflossenbärbling (Rasbora kalochroma)
- 6 x Zwergpanzerwels (Corydoras pygmaeus)
- 1 x Zierbinden-Zwergschilderwels (Peckoltia vittata)
- 4 x Amano-/Algengarnele (Caridina japonica)
- 1 x Siamesischer Kampffisch (Betta splendens)

◀ *Siamesische Kampffische (Betta splendens) werden in vielen Farben gezüchtet. Rot- und Blautöne sind am verbreitetsten.*

* Suchen Sie Fische aus, die klein bleiben. Vermeiden Sie temperamentvolle Arten, weil Ihre Fische sehr dicht zusammenleben müssen.

▲ *Algengarnelen helfen, das Becken sauberzuhalten.*

Beckenmaße:
60 x 30 x 30 cm

▼ *Auf Holz gepflanzt ist Anubias spec. ein Blickfang.*

GEEIGNETE DEKORATION

- Moorkienholz mit aufgebundenen Pflanzen (Anubias, Moos und so weiter)
- Kleine Höhle (aus Steinen gebaut oder künstlich)
- Silikatsand, kalkfreier Sand, Quarzsand oder feiner Kies als Bodengrund
- Gemischte kleine Kieselsteine

Ruhig und friedlich

Um sich in der Stille der Unterwasserwelt verlieren zu können, sollten Sie Abstand von temperamentvollen oder aggressiven Fischen nehmen. Die hier vorgestellten Fische wurden wegen ihres Aussehens und ihrer Friedlichkeit ausgewählt; wie viele ruhige Fische brauchen sie allerdings zahlreiche Versteckmöglichkeiten. Pflanzen, Bambusrohre und verzweigte Wurzeln bieten Schutz, was die Fische ermutigt, durch das Aquarium zu gleiten. Große Pflanzen, zum Beispiel Vallisneria, wiegen sich in der Filterströmung. Fische, die sich gern an der Oberfläche aufhalten, mögen tropische Seerosen und Schwimmpflanzen.

GEEIGNETE PFLANZEN

- Vallisneria spec.
- Tropische Seerose/Tigerlotus (Nymphaea spec.)
- Muschelblumen (Pistia stratiotes)
- Gymnocoronis spilanthoides
- Cryptocoryne spec. (Blätter gewellt)

▲ *Schmetterlingsfische (Pantodon buchholzi) fressen nachts.*

◄ *Cryptocoryne undulata hat lange, stark gewellte, dunkelgrüne Blätter.*

▼ *Wählen Sie ungewöhnlich geformte, verzweigte Wurzeln aus.*

◄ *Grober Feinkies kann auf Sand verstreut werden, um ein Bachbett nachzubilden.*

GEEIGNETE FISCHE

- 6 x Fünfgürtelbarbe (Puntius pentazona)
- 4 x Mosaikfadenfisch (Trichogaster leeri)
- 4 x Mondscheinfadenfisch (Trichogaster microlepis)
- 4 x Brochis spec. (Brochis splendens)
- 2 x Schmetterlingsbuntbarsch (Microgeophagus ramirezi)

- 6 x Kupfersalmler (Hasemania nana)
- 4 x Punktierter Kopfsteher (Chilodus punctatus)
- 5 x Indischer Glaswels (Kryptopterus bicirrhis)
- 2 x Afrikanischer Schmetterlingsfisch (Pantodon buchholzi)

Beckenmaße:

75 x 45 x 30 cm

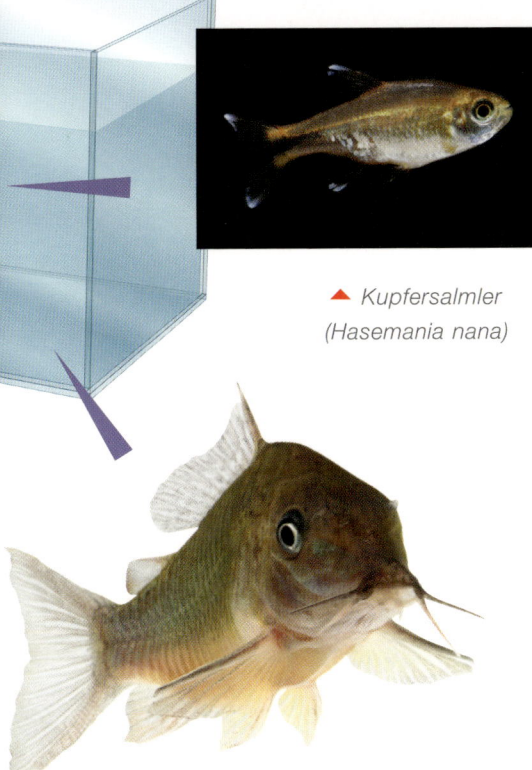

▶ Vallisneria spiralis „Tiger" wächst bei hellem Licht schnell.

▲ Kupfersalmler (Hasemania nana)

▼ Bambusrohre unterschiedlicher Größe bringen Abwechslung ins Bild.

▲ Der Smaragdpanzerwels (Brochis splendes) ist nahe verwandt mit den echten Panzerwelsen (Corydoras spec.).

GEEIGNETE DEKORATION

- Große, verzweigte Wurzeln
- Große Bambusrohre verschiedener Dicke
- Feinkörniger, am besten dunkler Bodengrund
- Kleine Kiesel oder rundliche Steine

Aktive und Schnell

Es macht viel Freude, ein belebtes Aquarium mit schnell schwimmenden Fischen anzuschauen. Auch wenn die Fische recht klein sind: Sie schwimmen gern und brauchen ein langes Becken mit viel freier Fläche. Ständige Bewegung verbraucht viel Sauerstoff, weshalb Strömung und Belüftung wichtig sind. Da viele aktive Fische aus sauberen, bachähnlichen Lebensräumen stammen, sind eine gute Filterung und häufige Wasserwechsel in regelmäßigen Abständen erforderlich. Entscheiden Sie sich für robuste Pflanzen, da viele im Wasser gelöste Pflanzennährstoffe durch einen hohen Sauerstoffgehalt abgebaut werden.

GEEIGNETE PFLANZEN

- Javafarn (Microsorium pteropus)
- Thailändische Hakenlilie (Crinum thaianum)
- Cryptocorynen (größere bzw. ausladendere Art, zum Beispiel C. pontederiifolia)
- Amazonas-Schwertpflanze (Echinodorus spec.)

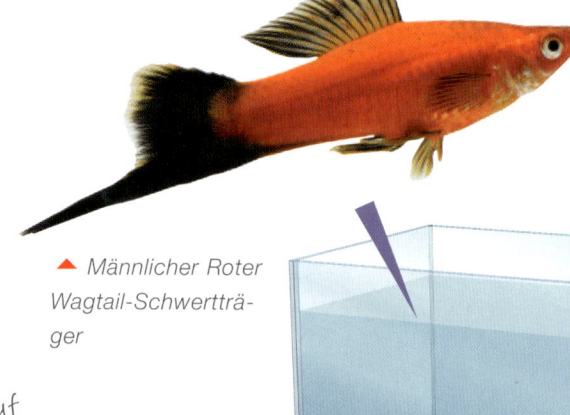

▲ Männlicher Roter Wagtail-Schwertträger

* Ein Düsenrohr am Filterauslauf verteilt die Strömung über eine größere Fläche und hilft dadurch, die Belüftung zu verbessern.

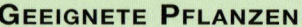

▼ Die Thailändische Hakenlilie (Crinum thaianum) ist anpassungsfähig.

▲ Die Brustflossen des Engelantennenwelses (Pimelodus pictus) haben spitze Flossenstrahlen.

▼ Sandstein

* Mit Luftpumpen kann man Luftblasensäulen im Aquarium aufsteigen lassen und so noch mehr Bewegung ins Becken bringen.

GEEIGNETE FISCHE

- 6 x Schwertträger (Xiphophorus helleri)
- 4 x Lake Kutubu Regenbogenfisch (Melanotaenia lacustris)
- 6 x Prachtbarbe (Punchius conchonius)
- 4 x Prachtglanzbarbe/Aruliusbarbe (Puntius arulius)
- 10 x Sumatrabarbe (Puntius tetrazona)
- 6 x Malabarbärbling (Danio aequipinnatus)
- 4 x Engelantennenwels (Pimelodus pictus)
- 6 x Kongosalmler (Phenacogrammus interruptus)
- 3 x Siamesische Rüsselbarbe (Crossocheilus siamensis)

▶ Der Malabarbärbling (Danio aequipinnatus) frisst an der Oberfläche.

◀ Die Sumatrabarbe (Puntius tetrazona) ist lebhafter Natur.

▼ Glatte, flache Schieferplatten sind schwer und müssen vorsichtig platziert werden.

Beckenmaße:
120 x 45 x 45 cm

▼ Javafarn (Microsorium pteropus) ist pflegeleicht.

GEEIGNETE DEKORATION

- Rundlicher Feinkies
- Bambusrohr
- Unregelmäßige Steine oder Schieferplatten

Große Fische

Nichts ist wirkungsvoller als ein Becken mit Fischen beträchtlicher Größe. Diese Fische haben einen ausgeprägten Charakter und bauen daher leichter eine Beziehung zu ihrem Besitzer auf. Die meisten großen Fischarten wachsen recht schnell. Wenn Sie mit Jungfischen beginnen, können sich diese aneinander gewöhnen; Konflikte werden so vermieden und Sie können ihre Entwicklung beobachten. Große Fische brauchen große Becken – die Haltung solcher Arten will daher gut überlegt sein. Für eine Fischgesellschaft brauchen Sie ein Aquarium von mindestens 180 Zentimetern Länge. Zahlreiche große Fische sind Pflanzenfresser, echte Pflanzen haben daher schlechte Überlebenschancen.

▲ Der Augenfleckbuntbarsch (Heros severus) ist leicht erhältlich.

▼ Der hübsche Perlhuhnwels (Synodontis angelicus) kommt nachts zum Fressen hervor.

* Große Fische produzieren reichlich Abfallstoffe. Nur ein guter Außenfilter — eventuell sogar zwei, die gleichzeitig betrieben werden — ist in der Lage, diese Stoffe aufzufangen und zu verarbeiten.

▲ Halten Sie nur einen Feuerschwanz-Fransenlipper (Epalzeorhynchos bicolor).

KÜNSTLICHE PFLANZEN

Wenn Sie Fische halten, die echte Pflanzen ausgraben oder anfressen, sind Kunstpflanzen vielleicht die Lösung. Da sie mit einer dünnen Algenschicht überzogen werden, verblassen die Farben etwas, was sie sehr echt aussehen lässt.

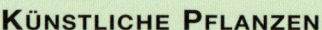

◄ Eine Mischung heller und dunkler großer Kiesel sorgt für Kontraste.

GEEIGNETE FISCHE

- 4 x Haibarbe (Balantiocheilus melanopterus)
- 1 x Saugmaulwels (Hypostomus spec.)
- 1 x Gebänderter Leporinus (Leporinus fasciatus)
- 6 x Keilfleckbuntbarsch (Uaru amphiacanthoides)

- 4 x Augenfleckbuntbarsch (Heros severus)
- 2 x Fiederbartwels (Synodontis spec.)
- 1 x Feuerschwanz-Fransenlipper (Epalzeorhynchos bicolor)
- 1 x Langnasen-Distichodus (Distichodus lusosso)
- 6 x Schwarzbandbarbe (Puntius lateristriga)

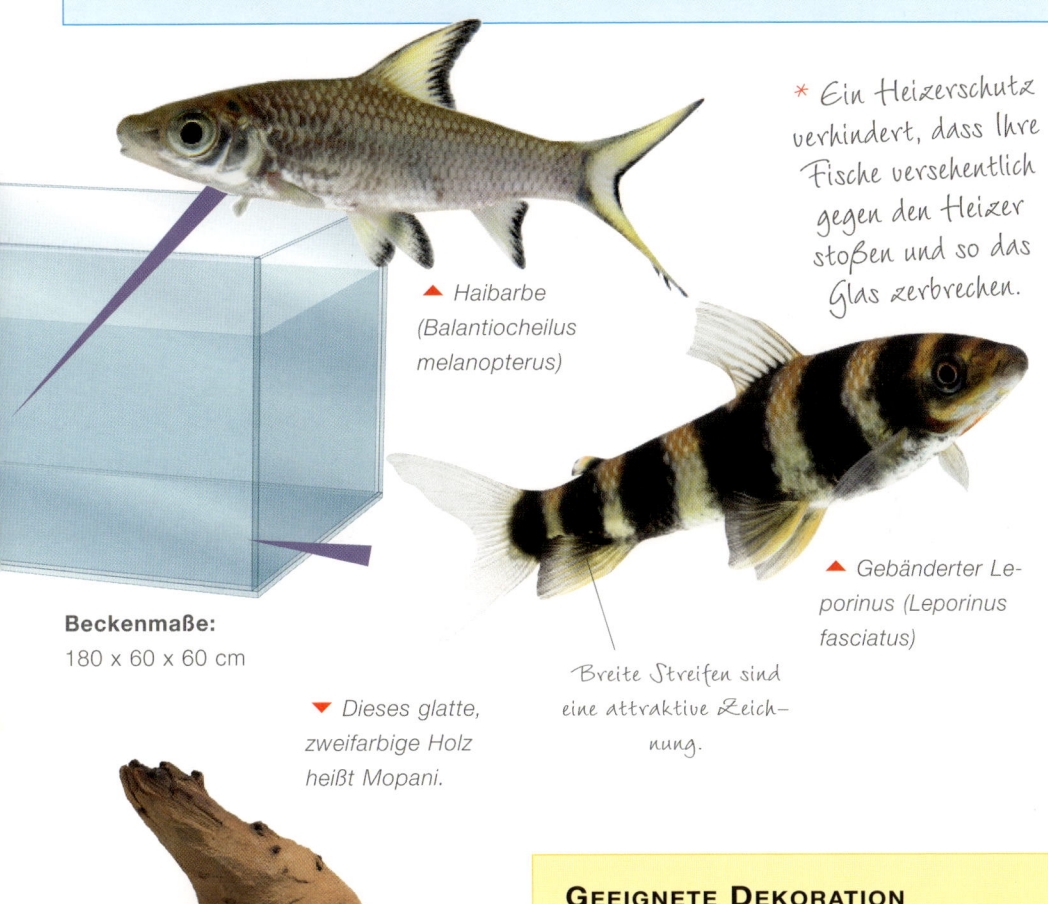

▲ Haibarbe (Balantiocheilus melanopterus)

* Ein Heizerschutz verhindert, dass Ihre Fische versehentlich gegen den Heizer stoßen und so das Glas zerbrechen.

▲ Gebänderter Leporinus (Leporinus fasciatus)

Beckenmaße:
180 x 60 x 60 cm

Breite Streifen sind eine attraktive Zeichnung.

▼ Dieses glatte, zweifarbige Holz heißt Mopani.

GEEIGNETE DEKORATION

- Große Moorkienholzstücke und Wurzeln
- Große Höhlen
- Lavagestein
- Große und gemischte Kiesel
- Große, unregelmäßig geformte Objekte

Ein bepflanztes Aquarium

Die Einrichtung eines bepflanzten Aquariums erfordert sorgfältige Planung, da sich wesentliche Bestandteile wie zum Beispiel der Bodengrund nur schwer verändern lassen, wenn das Aquarium einmal „läuft". Ein schönes Bild erhalten Sie durch die Auswahl verschiedener Pflanzen mit unterschiedlichen Blattformen und Farben und indem Sie das Aquarium in Bereiche für hohe, mittlere und niedrige Pflanzen unterteilen. Suchen Sie die Fische nach Aussehen und „Funktion" aus. Gründelnde Fische beugen der Bildung von Mulm vor, und Algenfresser sorgen dafür, dass die Pflanzen immer neu und frisch aussehen.

*Eine einfache Kohlenstoff-dioxid-Düngeanlage fördert gesundes Pflanzenwachstum.

▶ Barclaya longifolia speichert Nährstoffe in ihrer langen Wurzelknolle.

▼ Das Gefleckte Dornauge (Pangio kuhlii) ist auffällig gezeichnet.

GEEIGNETE

- Ammannia gracilis
- Aponogeton spec.
- Bacopa spec.
- Barclaya longifolia
- Eusteralis stellata
- Glossostigma elatinoides
- Heteranthera zosterifolia
- Limnophila aquatica (Ambulia)
- Ludwigia spec.
- Rotala spec.
- Sagittaria spec.
- Vallisneria „Tiger" (feinblättrig)

Das Moos bewächst jegliche harte Oberfläche und breitet sich in alle Richtungen aus.

◀ Sagittaria platyphylla hat dicke Blätter.

▲ Javamoos (Vesicularia dubyana) auf Holz

GEEIGNETE FISCHE

- 6 x Längsbandziersalmler (Nannostomus beckfordi)
- 6 x Skalar (Pterophyllum scalare)
- 10 x Rotkopfsalmler (Hemigrammus bleheri)
- 4 x Goldener Streifenhechtling (Aplocheilus lineatus)

- 20 x Amanogarnele (Caridina japonica)
- 6 x Ohrgitterharnischwels (Otocinclus vittatus)
- 4 x Schachbrettschmerle (Botia sidthimunki)
- 6 x Geflecktes Dornauge (Pangio kuhlii)

Silbersand gibt dem Heizkabel Halt und verteilt die Wärme gleichmäßig.

Kalkfreier Kies auf einer Nährschicht

▲ *Der Skalar (Pterophyllum scalare) sieht in einem bepflanzten Aquarium sehr hübsch aus.*

Eine Bodenheizung ▲ *verursacht Strömungen, die die Pflanzenwurzeln mit Nährstoffen umspülen.*

▼ *Glossostigma elatinoides*

Beckenmaße:
90 x 45 x 45 cm

▼ *Die kleinen, blassen Blätter der Bacopa caroliniana kontrastieren mit anderen Pflanzen.*

GEEIGNETE DEKORATION

- Silbersand (falls eine Bodenheizung verwendet wird)
- Silikatsand, kalkfreier Sand oder Quarzsand
- Bodengrundzusatz/Laterit
- Moorkienholzstück (eventuell bepflanzt mit Moos, Bolbitis, Javafarn und so weiter)

Ostafrikanische Buntbarsche

Unter den Ostafrikanischen Buntbarschen finden sich einige der farbenprächtigsten Süßwasserfische. Wichtige Elemente zur Nachbildung ihres natürlichen Lebensraumes sind Steinaufbauten, zwischen denen die Fische herumschwimmen können. Da Buntbarsche teilweise aggressiv sind, bieten Steine zudem Rückzugsmöglichkeiten für schwächere Fische. Schützen Sie den Heizer mit einem Heizerschutz vor Stößen. In diesem Entwurf werden keine Pflanzen empfohlen, da die Fische eifrige Pflanzenfresser sind. Sie produzieren auch ziemlich viel Schmutz, was einen großen Außenfilter mit reichlich mechanischen Filterschwämmen unabdingbar macht.

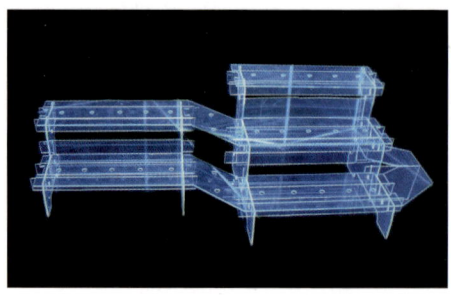

▲ *Gestelle für den Riffaufbau, wie sie für Meerwasserbecken verkauft werden, eignen sich gut als Unterbau für die Gestaltung leichter Felsenlandschaften.*

Beckenmaße:
150 x 45 x 45 cm

▲ *Silbersand gleicht dem Sand in vielen Bereichen des Malawisees und ist daher der ideale Bodengrund für dieses Becken.*

▶ *Große rundliche Kiesel wie hier abgebildet schaffen ein authentisches Bild. Lava- oder Tuffgestein sind eine poröse und sehr leichte Alternative und lassen sich problemlos aufeinanderstapeln.*

▼ Der männliche Blaue Ma-
lawibuntbarsch (Metriaclima
zebra) hat Eiflecken auf
der Schwanzflosse.

GEEIGNETE FISCHE

- Gestreckter Schabemundmaulbrüter
  (Labeotropheus trewavasae): 1 Männchen,
  4 Weibchen
- Melanochromis auratus: 1 Männchen,
  2 Weibchen
- Blauer Malawibuntbarsch (Metriaclima
  spec.): 4 Männchen (unterschiedliche
  Farbvarianten), 12 Weibchen

▼ Labeotropheus
trewavasae gibt es in
vielen Farbvarianten.

▲ Melanochromis auratus hat
breite Längsstreifen.

Glattes Meeres-
gestein eignet sich
für dieses Becken.

Kalkhaltiges
Meeresgestein
hilft dabei, den
pH-Wert auf-
rechtzuerhalten.

GEEIGNETE DEKORATION

- Große Kiesel
- Lavagestein
- Meeres- oder Tuffgestein
- Korallenkies
- Silbersand

OSTAFRIKANISCHE BUNTBARSCHE

Bildquellen

Weitere Bildquellen:

Der Verlag bedankt sich bei folgenden Fotografen für die Bereitstellung von Bildern, die hier unter Angabe von Seitenzahl und Position aufgeführt sind: o. = oben; u. = unten; m. = Mitte; u.l. = unten links usw.

Aqua Press (M-P & C. Piednoir): 39, 45 (o.l.), 55 (u.r.), 58 (o.l.), 59 (o.l.), 67 (u.l.), 69 (u.l.), 72 (u.l.), 74 (o.l.), 75 (m.r.), 76 (u.r.), 83 (u.)

Neil Hepworth: 61 (u.l.)

Peter Hiscock: 75 (u.l.)

Jan-Eric Larsson-Rubenowitz: 95 (o.r.)